Gisela Walter

WASSER

Die Elemente im Kindergartenalltag

HERDER

FREIBURG · BASEL · WIEN

„Die Elemente im Kindergartenalltag"
von Gisela Walter in 4 Bänden

WASSER
(Bestell-Nr. 26723)

LUFT
(Bestell-Nr. 26722)

ERDE
(Bestell-Nr. 26721)

FEUER
(Bestell-Nr. 26724)

Gedruckt auf umweltfreundlichem,
chlorfrei gebleichtem Papier

14. Auflage

Idee des Waschraum-Abenteuers S. 32 f.: Udo Lange
Umschlaggestaltung: Joseph Pölzelbauer, Freiburg
Umschlagfoto: Velber Verlag, Sabine Lohf
Textgrafik: Hans-Dieter Sumpf
Notengrafik: Herbert Ring

Printed in Germany

www.herder.de
Herstellung: fgb · freiburger graphische betriebe 2003
www.fgb.de
ISBN 3-451-26723-3

Erlebniswelt Wasser

Wasser ist das erste Element, das die Kinder erleben. Noch ungeboren spüren die kleinen Kinder Wasser, das Fruchtwasser, und sie hören seine Geräusche. Was liegt näher, als die Serie der „Vier Elemente“ mit dem Wasser zu beginnen.
Dieses Buch gibt Anregungen und Vorschläge für die praktische Arbeit im Kindergarten. Anhand vieler eigener Erfahrungen erleben die Kinder das Wasser als ein wichtiges Element der Natur. Sie entdecken es mit all ihren Sinnen, sie beobachten es drinnen und draußen, sie hören von Tieren und Pflanzen, deren Lebensraum das Wasser ist, sie spielen und experimentieren mit dem Element, sie lernen dessen Eigenschaften und Besonderheiten kennen und es wird zum Thema ihrer Phantasien.
Das Wasser ist zur Erlebniswelt geworden. Jetzt wissen die Kinder, wie wichtig für sie das Wasser ist, warum sie es zum Leben brauchen und warum sie es schützen müssen. Das ist der Anfang eines aktiven Naturschutzes.

Gisela Walter

Inhalt

4. Kapitel

1. Kapitel

Erlebniswelt Wasser

Welche Farbe hat das Wasser?

Wasser ist durchsichtig. Man braucht nur den Wasserhahn aufzudrehen, und schon kann jeder diesen Beweis antreten. Was aber ist dann mit dem tiefen Dunkelblau des Meeres, dem hellen Smaragdgrün der Lagune oder dem geheimnisvollen Dunkelgrün des Waldsees?
Wasser hat doch eine Farbe! Wenn ein Kind einen See malt, dann greift es, ohne zu zögern, zu einem blauen Farbstift. Klar – Wasser ist doch blau!

Es gibt viele Blautöne

Wasser ist blau! Auch eine Jeans ist blau, vielleicht ein bißchen heller als das Blau des Meeres. Der Rennwagen in der Spielzeugkiste hat wiederum ein dunkleres Blau, und der Pullover von Jan ist marineblau, „pulloverblau" meint Jan.

Viele Dinge sind blau – aber diese blauen Farben sehen jedesmal etwas anders aus. Blau hat viele Farbtöne.

Es fällt den Kindern schwer, den Unterschied der verschiedenen Blautöne zu beschreiben. Dafür reicht ihr Wortschatz nicht aus.

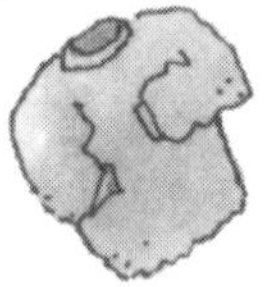

Deshalb ist jetzt Spracherziehung sinnvoll: Zeigen Sie den Kindern die unterschiedlichen Blaufärbungen und benennen Sie den Farbton so gut und so genau, wie Sie nur können. Da gibt es zum Beispiel:

hellblau
königsblau
marineblau
dunkelblau
himmelblau
türkisblau

Ratespiel

Die Kinder sammeln blaue Dinge, die sie im Raum finden können, und legen sie auf den Tisch. Sie sind Spielleiter und fragen: „Wo ist der hellblaue Puppenrock?" Dann wird vielleicht nach dem silberblauen Rennwagen oder dem dunkelblauen Bauklotz gefragt. Es wird nicht lange dauern, und die Kinder können selbst Spielleiter sein und die Gegenstände mit dem richtigen Farbton benennen.

jeansblau

nachtblau

Die vielen Farben des Wassers

Doch wie sieht nun das Wasser aus? Wasser ist nicht nur blau, es kann auch grün, braun, rot oder grau sein. Es kommt auf die Umgebung an. Da ist zum Beispiel der braune Grund eines Teiches, die sich im Wasser spiegelnde grüne Uferböschung oder die Lichtspiegelung von Himmel und Wolken. Das alles verleiht dem Wasser den Farbton, leiht sozusagen dem Wasser die Farbe aus.

Farbenzauberei

Mit diesem Experiment kann man den Kindern die herrliche Farbenpalette des Wassers vor Augen führen.
Stellen Sie mehrere mit Wasser gefüllte Gläser auf den Tisch; auch Einmachgläser sind dafür geeignet. Dann brauchen Sie noch Pinsel und Wasserfarben.

TIP: Kaufen Sie die Wasserfarben-Töpfchen einzeln in den verschiedenen Blau-, Lila-, Grün- und Grautönen. Beim Farbenmischen haben Sie es einfacher. Wenn Sie einen Wasserfarbenkasten mit nur vier oder sechs Grundfarben zur Verfügung haben, sollten Sie vorher die Farbmischungen ausprobieren.

Und nun geht es los:

- Sie färben mit Pinsel und blauer Farbe das Wasser im ersten Glas: „Das ist das Blau des Meeres!“ Die Kinder werden verstehen, wie Sie das meinen: Ja – das Meer sieht genauso blau aus.
- Im zweiten Glas wird ein grünblauer Farbton gemischt. Ein Waldsee oder Tümpel sieht so aus.
- Im dritten Wasserglas schillert das eisblaue Wasser eines Gebirgsbaches.
- Im vierten Glas mischen Sie das graublau-schwarze Wasser vom großen Fluß.
- Im fünften Glas erscheint das türkisfarbene Wasser des Freibads. Es sieht so aus, weil die Wände des Beckens in dieser Farbe gestrichen sind.

Die Farbenzauberei geht weiter:
Sie experimentieren mit den Farben und beschreiben, in welcher Umgebung und an welchem Ort das Wasser diese Farbe haben könnte. Es sollten natürlich nur solche Wasserstellen als Beispiele genannt werden, die den Kindern bekannt sind. Klar, daß die Kinder auch selbst Wasserfarben mischen.
Und welche Farbe hat das Wasser des Märchensees oder das Zauberwasser des großen Zauberers Simsalabim? Es macht Spaß, sich bei dieser Farbenspielerei auch in der Phantasiewelt umzuschauen.

Tropfenbild im Wasserglas

Ein Tintentropfen wird in ein Wasserglas geträufelt. Ganz langsam, wie in Zeitlupe, verteilt sich die blaue Tinte. Zuerst entstehen Schlieren, dann sieht es wie ein „Tintenschleier“ aus, das Tintenblau wird immer heller und dünner, bis es sich schließlich im Wasser ganz verliert und dieses hellblau einfärbt.

Die Kinder schauen aufmerksam diesem Tropfen-Wasserspiel zu. Es überrascht, wie still und konzentriert sie dabei sind. Nehmen Sie auch rote oder blaue Tinte. Und was passiert, wenn ein roter und ein blauer Tropfen gleichzeitig ins Wasserglas fallen? Ausprobieren!

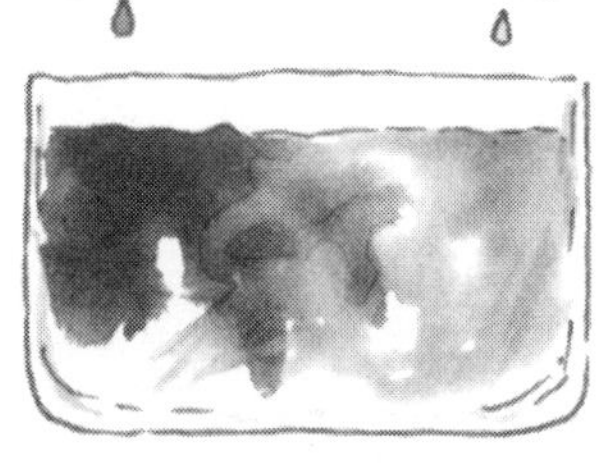

Wasserbilder

Mit Wasserfarben

Die Kinder haben erlebt und erfahren, daß Wasser nicht nur blau aussieht, sondern auch Grün-, Rot- oder Grautöne haben kann, auch Gelb und sogar Braun ist dabei.
Mit Wasserfarben und einem dicken Pinsel malt jedes Kind ein Wasserbild mit seinen schönsten Farbmischungen.

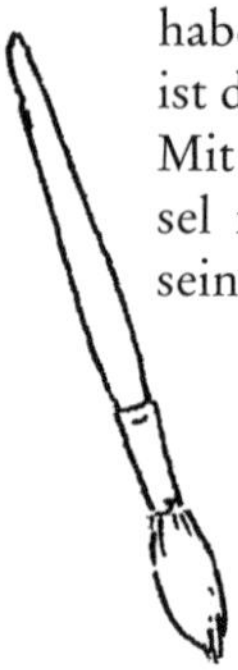

Mit Transparentpapier

Es scheint auf den ersten Blick ganz selbstverständlich zu sein, daß man ein Wasserbild mit Wasserfarben malt. Um so mehr überrascht die Idee, ein Wasserbild mit Transparentpapier zu kleben. Die Kinder werden erstaunt sein, wie „echt“ dieses Wasserbild aussieht.
Man braucht dazu Transparentpapierbögen in unterschiedlichen Farben, zum Beispiel in Hellblau, Dunkelblau, Lila, Violett, Hellgrün, Dunkelgrün, Grau, Weiß usw. Das Papier wird in lange, dünne Streifen gerissen (etwa 1 bis 3 cm breit), dicht aneinandergereiht, teilweise auch übereinandergeschoben, und auf ein Papier geklebt.

An den Stellen, an denen das Transparentpapier übereinanderliegt, entstehen neue Farbtöne.
So ein Wasserbild kann man auch ans Fenster kleben. Vielleicht haben die Kinder Lust, auf diese Weise ihren Waschraum zu verschönern?

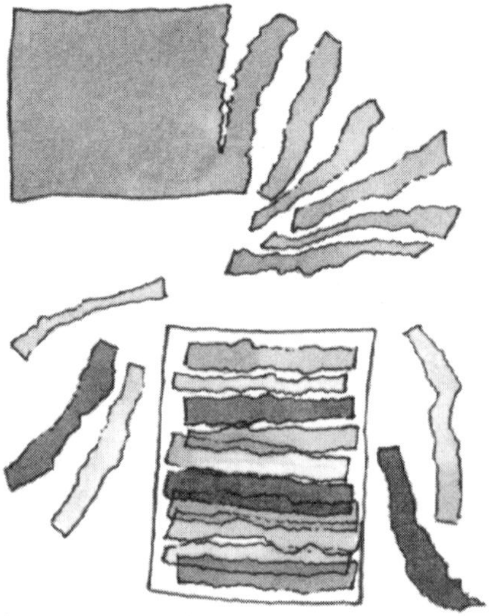

Mit Seidenpapier

Die gleiche Arbeit, wie oben beschrieben, kann auch mit Seidenpapier entstehen. Seidenpapier ist allerdings nicht transparent, dafür kann man es besser knittern, kräuseln oder zusammenraffen. Das gibt einen tollen Effekt und sieht wie Wellen auf dem Wasser aus.

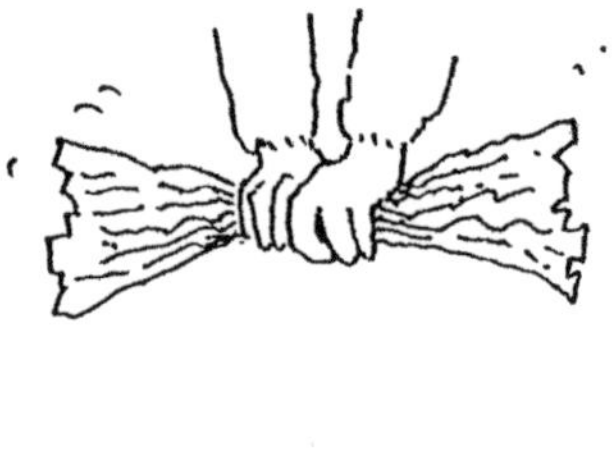

Mit Kreppapier

Zuerst wird das Kreppapier in den passenden Farbtönen ausgewählt. Dann schneidet man von den Kreppapier-Rollen jeweils etwa 3 cm breite Abschnitte ab, rollt diese auseinander und klebt sie dicht nebeneinander auf ein Papier. Wenn man das Kreppapier beim Ankleben leicht zusammenschiebt, bekommt auch dieses Wasserbild „echte“ Wellen.

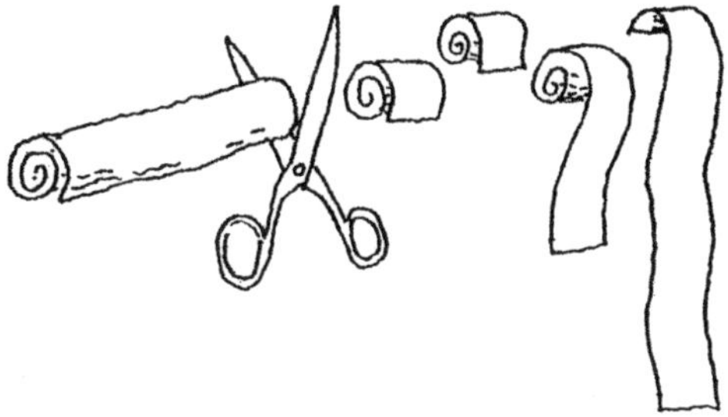

Mit Malstiften

Wer mit Buntstiften oder Filzstiften das Bild malen möchte, der braucht viel Geduld, bis er das ganze Blatt Papier in Wasser verwandelt hat. Kleineren Kindern sollte man diese Mühe ersparen, ihnen macht ein großflächiges Malen mit dicken Pinseln oder Wachsmalstiften viel mehr Spaß.

Mit Wachsmalkreiden

Es gibt Wachsmalkreiden, die sich nachträglich auf dem Papier mit einem Lappen verreiben lassen. Die Konturen und die Farben des Bildes werden einfach verwischt. Diese Maltechnik ist für das Wasserbild bestens geeignet.
Und so wird’s gemacht: Zuerst werden mit verschiedenen Blautönen und anderen Farben auf das Papier Wellen, Flächen und Linien gezeichnet. Dann reibt man mit einem Lappen oder Papiertaschentuch über die Zeichnung.

Ob man nun mit dem Lappen in Zickzack-Bewegungen oder in kreisenden Schwüngen über das Papier wischt, immer entstehen neue, interessante Konturen: Das Wasserbild bekommt hohe Wogen, wilde Wirbel, turbulente Strudel oder sanfte Kräuselwellen.

Ein Schluck Wasser

Einfaches Mineralwasser finden die Kinder geschmacklos im doppelten Sinne des Wortes. Ihre Gaumen sind mit süßen Sirupsäften, wohlschmeckenden Natursäften oder feinen Kindertees verwöhnt. „Mineralwasser schmeckt ja nach gar nichts", sagt Judith.
Daß Wasser einen richtigen, eigenen Geschmack hat, das können die Kinder mit folgendem verblüffenden Experiment erleben.

Wie schmeckt das Wasser?

Bereiten Sie in Glaskrügen oder Glasflaschen verschiedene Getränke vor, also kohlensäurearmes Mineralwasser, kohlensäurehaltiges klares Sprudelwasser, Leitungswasser (wenn es noch Trinkwasserqualität hat) und Mineralwasser mit etwas Salz oder etwas Zucker, oder ein paar Tropfen Zitrone oder Pfefferminztee.
Die Gefäße sollten durchsichtig sein, so daß die Kinder genau sehen können, daß der Inhalt in allen Gefäßen scheinbar der gleiche ist.

Nach diesen Vorbereitungen laden Sie die Kinder zur Trinkprobe ein. Jedes bekommt ein Glas in die Hand. Sie nehmen zuerst den Krug mit Mineralwasser und gießen reihum jedem Kind davon ein: „Und – wie schmeckt das Wasser?" „Nach nichts!" – „Langweilig!" So oder ähnlich werden die Antworten der Kinder sein.
Die Trinkprobe geht weiter. Sie nehmen den nächsten Wasserkrug, zum Beispiel das Salzwasser, und gießen wiederum jedem Kind einen kleinen Schluck ein. Natürlich verraten Sie nichts über den Inhalt. Die Überraschung ist groß.

Der Ausschank geht weiter, und von Probe zu Probe kosten und schmecken die Kinder den Geschmack des Wassergetränkes intensiver. Zum Schluß werden sie sogar an dem Mineralwasser, das sie anfangs schon einmal getrunken haben, Geschmack finden.

Kleine Getränke-Bar

Die Getränkebar richten die Kinder in einer Ecke ein. Hier können sie ihr Lieblingsgetränk selbst mischen. Die Großen helfen den Kleinen beim Einschenken. Angeboten wird zum Beispiel Wasser mit Zitronensaft, Orangensaft oder Apfelsaft. Vielleicht gibt es sogar Eiswürfel wie bei einer Party. Sie klingeln so schön im Glas. Wer Brausepulver in sein Sprudelwasser schüttet, der erlebt einen kleinen Springbrunnen mit vielen Wasserperlen, die beim Trinken die Nasenspitze kitzeln.

Wie heißt der Geschmack?

Süß, sauer, salzig oder bitter – das sind die Grundbegriffe des Geschmacks. Dann gibt es noch Spezialausdrücke, zum Beispiel für den Wein: blumig, erdig, lieblich, leicht oder schwer.
Oft versucht man, einen besonderen Geschmack beispielhaft zu beschreiben: „Es schmeckt wie . . ."

Die Kinder haben sicher Spaß daran, eigene Geschmacks-Benennungen zu erfinden.

Wasser-Domino

Jeweils zwei Gläser werden mit der gleichen Getränkemischung gefüllt. Wer findet die gleichen Getränke heraus? Hier können zwei oder drei Kinder gemeinsam raten und sich miteinander beraten.
Sind die Geschmacks-Paare gefunden, werden die Gläser wieder gemischt, genauer gesagt, anders auf dem Tisch angeordnet, und das Wasser-Domino-Spiel kann von neuem beginnen.

Wasser zum Spielen

Dieses Spiel wird am besten im Waschraum, im Hof oder im Garten aufgebaut. Die Kinder sollten ihre Badehosen anziehen, dann kann nichts mehr schiefgehen.

Platschen und Planschen

Eine große Wasserwanne ist aufgestellt. Was kann man damit machen?
Der erste beginnt: Er patscht mit der flachen Hand auf das Wasser, daß es spritzt. Der nächste ist schon mutiger und schlägt mit beiden Händen ins Wasser. Er will „große Wasserspritzer" machen, sagt er. Der nächste stampft mit den Füßen in das kühle Naß, er quiekt vor Begeisterung – und weil das Wasser etwas kalt ist.
Was denkt sich der nächste aus?

TIP: Manche Kinder haben Scheu vor dem Wasser und wollen auch nicht angespritzt werden. Sie reagieren ängstlich und ziehen sich zurück. Darauf sollten Sie Rücksicht nehmen, sonst wird die Wasserscheu dieser Kinder noch verstärkt.
Andererseits kann man mit einfachen und lustigen Wasserspielen diese Kinder an das Wasser „spielerisch" gewöhnen. Jedoch: Das Mitmachen ist freiwillig!

Es gibt auch ruhigere Wasserspiele, zum Beispiel:

- Das Wasser mit der Hand hin- und herbewegen,
- die Wasseroberfläche streicheln,
- auf den Wasserspiegel blasen,
- den Finger eintauchen, wieder herausziehen und das Wasser zurücktröpfeln lassen,
- mit der Hand Wasser schöpfen,
- mit den Zehen plätschern.

Sammeln Sie mit den Kindern viele ungewöhnliche Spielideen mit Wasser. Dabei sind laute und wilde Wasserspritzereien genauso schön wie feine Wasserbewegungen, die man kaum hören kann.

Spiel mit!

Mit einem Becher kann man Wasser schöpfen, mit einem Sieb geht das nur bedingt.

Mit einem Schwamm kann man Wasser aufsaugen, mit einem Strohhalm funktioniert das Aufsaugen ganz anders.

In einem Teller läßt sich Wasser nur mit größter Vorsicht transportieren, in einem kurzen Schlauch geht das schon besser.

Mit einem Blecheimer kann man Wasser aufnehmen, Wasser wird sogar in einer Papiertüte oder einem Waschlappen kurze Zeit festgehalten.

Mit einem Kochlöffel kann man Wasser rühren und löffeln.

Mit einem Messer kann man Wasser durchschneiden, allerdings schließt sich die Wasserfläche gleich wieder zusammen.

Mit einem Strohhalm kann man Wasser zum Blubbern bringen, mit einem Wasserschlauch werden die Luftblasen doppelt so groß.

Was kann man mit einer Plastikflasche oder einer Gießkanne machen?
Die Kinder tragen die verschiedensten Gegenstände zusammen und probieren alles Mögliche und Unmögliche aus. Je komischer, ungewöhnlicher und phantasievoller die Idee ist, desto besser!

Fühl mal!

Eine kleine Wanne ist mit Wasser gefüllt. „Fühl mal!“ fordern Sie die Kinder auf. Das Wasser fühlt sich weich an. Ist es kühl, kalt, warm oder heiß?
Die Kinder haben noch phantasievollere Worte, um das zu beschreiben, was sie fühlen.

Das Wasser fließt weg

Wer will ausprobieren, ob er das Wasser festhalten kann?
Das ist ein lustiger Versuch für die Kinder. Denn das Wasser weicht aus, wenn man es „anfassen“ will. Es glitscht durch die Finger, wenn man es mit der Faust packen will.
Bei diesem Spiel entdecken die Kinder, daß sie das Wasser überhaupt nicht festhalten können, es fließt weg: Das Wasser ist flüssig.
Das Wasser läßt sich nur in einem Behälter festhalten, zum Beispiel in einem Becher, einer Schale oder in den geschlossenen Handflächen.

Wasserballon

Das Wasser läßt sich auch in einem Luftballon festhalten. So ein Wasserballon sieht wie eine bunte Wasserkugel aus. Die Kinder spielen gerne damit und knuddeln, quetschen und drücken ihren kleinen Wasserballon. Aber Vorsicht, wenn der Ballon platzt, gibt es eine Pfütze!

TIP: So wird der Wasserballon gefüllt: Die Öffnung des Luftballons über einen Wasserhahn ziehen und in den Ballon so viel Wasser einfüllen, bis er einen Durchmesser von etwa 5 bis 6 cm hat, mehr nicht. Dadurch wird die Luftballonhaut kaum strapaziert, und der Wasserballon hält viele Spiele aus. Den gefüllten Ballon vorsichtig abziehen und die Öffnung fest verknoten.

Wasser-Igel

Ein Plastikbeutel wird mit Wasser gefüllt und verknotet. Dann sticht man mit einer Nadel viele Löcher in den prall gefüllten Beutel, drückt diesen fest zusammen, und schon stellt der Wasser-Igel seine Wasserstacheln. Den Plastikbeutel kann man mehrmals benützen.
Klar, daß dieses Spiel im Freien gespielt wird. Badehose anziehen!

Spritzflasche

Man braucht dazu eine dünnwandige Plastikflasche und bohrt in die Verschlußkappe, in den Boden oder an der Seite ein Spritzloch. Fertig ist die Spritzflasche.
Wer kann am weitesten damit spritzen?
Wer trifft den Tennisball auf dem umgedrehten Eimer?
Und wer läßt sich mit der Spritzflasche anspritzen? Applaus für den Mutigen!

Schwammwerfen

Geworfen wird mit nassen Schwämmen, gezielt wird auf drei „Wassergeister". Diese sind aus Plastikflaschen gebastelt, mit wasserfesten Farben bunt bemalt oder mit Stoff beklebt. Damit sie gut stehen, werden sie mit Sand oder mit Wasser gefüllt.
Bei der Wurflinie wird der Wassereimer aufgestellt, daneben liegen drei Schwämme. Die Entfernung zu den Wassergeistern bestimmt der Werfer selbst.

Wenn die Kinder wollen, können sie aus diesem Spiel ein Wettspiel machen: Wer schafft die weiteste Entfernung? Oder wer trifft mit drei Würfen die drei „Wassergeister"?
Ein Spiel für ganz Mutige, wenn es Hochsommer und sehr heiß ist: Wer stellt sich selbst als „Wassergeist" ins Wurffeld?

Hör mal!

Ein Phantasiebild

Die Kinder sitzen oder liegen entspannt auf dem Boden. Alle sind still und haben die Augen geschlossen. In der Mitte des Raumes ist eine große, mit Wasser gefüllte Wanne aufgestellt.
Ruhig und gleichmäßig bewegen Sie mit der Hand das Wasser in der Wanne, so daß man ein sanftes Plätschern hören kann. Die Kinder lauschen. Nach einiger Zeit fordern Sie die Kinder auf, sich ein Bild vorzustellen, das zu diesem Geräusch paßt: „Wo hast du dieses Geräusch schon einmal gehört? Stell es dir ganz genau vor! Male mit deinen Gedanken ein Bild davon!"

Während Sie mit leiser, ruhiger Stimme so oder ähnlich die Kinder zum Phantasieren aufmuntern, spielen Sie mit dem Wasser weiter, und die leisen Wellengeräusche begleiten Ihre Worte. Lassen Sie den Kindern ausreichend Zeit zum Phantasieren. Das Wassergeräusch wirkt dabei sehr anregend.
Es liegt nahe, daß die Kinder ihr Phantasiebild auch auf Papier malen wollen.

Wasser hat viele Geräusche

Es kommt ganz darauf an, was wir mit dem Wasser tun, zum Beispiel:

- Wasser mit der Kelle schöpfen,
- Wasser aus der Gießkanne ausgießen,
- Wasser von einem Becher in den anderen umschütten,
- Wassertropfen in die Wanne fallen lassen,
- Wasser mit der Hand bewegen,
- mit dem Strohhalm im Wasser blubbern,
- Wasser mit einem Schwamm aufnehmen und den Schwamm wieder ausdrücken,
- Wasser mit dem Kochlöffel rühren,
- Wasser mit dem Quirl quirlen.

Was macht das Wasser?

Es ist für die Kinder nicht einfach, dieses Geräusche-Spiel auch mit Worten zu beschreiben. Geben Sie den Kindern das richtige Wortmaterial, zum Beispiel: patschen, spritzen, plätschern, gluckern, blubbern, tröpfeln, schütten, gießen, füllen, aufsaugen, sprudeln, fließen, rinnen . . .

Ratespiel

Alle Kinder sitzen um eine Wanne, die zur Hälfte mit Wasser gefüllt ist. Neben der Wanne liegen verschiedene Gegenstände, also Becher, Gießkanne, Kochlöffel, Waschlappen, Bürste . . .

Ein Kind hält sich die Augen zu, ein anderes macht ein Wasser-Geräusch. Was ist zu hören?
Das Kind, das raten muß, geht zur Wanne und versucht, das Geräusch zu wiederholen. Hat es richtig geraten, werden die Rollen getauscht.
Das gleiche Ratespiel kann auch hinter einer Stellwand inszeniert werden. Hinter der Wand oder einem aufgestellten Tisch ist die Wasserschüssel aufgestellt, daneben liegen viele Gegenstände. Jetzt können alle Kinder gleichzeitig raten. Wer als erster das Wassergeräusch herausgefunden hat, darf als nächster hinter die Stellwand und den andern ein neues Hörrätsel aufgeben.

Reporter sind unterwegs

Nun wird es spannend. Sie spielen mit den Kindern Reporter und wandern mit Cassetten-Recorder und Mikrophon durch den ganzen Kindergarten, um nach Wassergeräuschen zu suchen. Vor allem im Waschraum und in der Küche wird Interessantes zu hören sein!
Und wenn Sie die gesammelten Geräusche-Aufnahmen wieder abspielen, werden die Kinder viel zu lachen haben, denn Wassergeräusche im Lautsprecher hören sich wirklich sehr komisch an!

Wassermusik

Blubber-Blasmusik

Das macht Spaß, wenn mehrere Kinder gemeinsam eine Blubber-Blasmusik aufführen. Das Blasinstrument ist ein Strohhalm. Die Musikanten sitzen rund um die Wanne, einigen sich auf ein Lied, tauchen ihre Strohhalme ins Wasser – und los geht's mit der Blasmusik.
Spannend wird es, wenn nur zwei oder drei Kinder als Blubber-Blasmusikanten auftreten und die Zuhörer raten lassen, welches Lied sie blubbernd singen.

Wasser-Xylophon

Das Musikinstrument besteht aus vielen Glasgefäßen, die unterschiedlich hoch mit Wasser gefüllt sind. Einfache Kochlöffel werden als Schlägel gebraucht. Je nachdem, wie dick das Glas oder wie hoch der Wasserstand ist, klingen die Töne hoch oder tief. Ausprobieren!
Die Spielweise ist wie bei einem Xylophon. Man kann mit zwei Schlägeln spielen, und es können auch zwei Spieler gleichzeitig spielen. Die Melodien werden selbst erfunden.
Welcher kleine Künstler wagt es, seine Melodie den andern vorzuspielen?

Wer ein gutes Gehör hat, der kann seine Töne richtig stimmen und eine Tonleiter oder einen Dreiklang zusammenstellen. Der Ton des Gefäßes wird tiefer, je mehr Wasser eingefüllt wird. Die Tonhöhe kann nach den Tönen des Glockenspiels oder Xylophons ausgerichtet werden.
Wenn die Kinder ein buntes Wasser-Xylophon haben wollen, dann können sie das Wasser mit Wasserfarben, Lebensmittelfarben oder Tinte einfärben.

Wasserharfe

Ein dünnwandiges Wasserglas kann zum Klingen gebracht werden, indem man mit dem feuchten Finger am Glasrand entlangfährt, dabei das Glas in Schwingung versetzt, so daß ein Ton erklingt.
Es braucht etwas Übung, bis man diese Spieltechnik beherrscht. Aber dann kann den Spieler nichts mehr zurückhalten: Ein ganzes Tonorchester wird er zusammenstellen wollen mit vielen Tönen, also mit vielen Gläsern, unterschiedlich hoch mit Wasser gefüllt. Bei der Tonabstimmung geht man wie beim Wasserxylophon vor: Je mehr Wasser eingefüllt ist, desto tiefer klingt der Ton.
Ob der Musikant bekannte Liedmelodien oder eigene Kompositionen spielt – die Hauptsache dabei ist, daß es Spaß macht! Und ein Richtig oder Falsch gibt es nicht!

Wasserfest

Schon bei der Einladung machen die Kinder mit. Sie formulieren den Text und übermalen die Einladungskarte mit Wasserfarben.

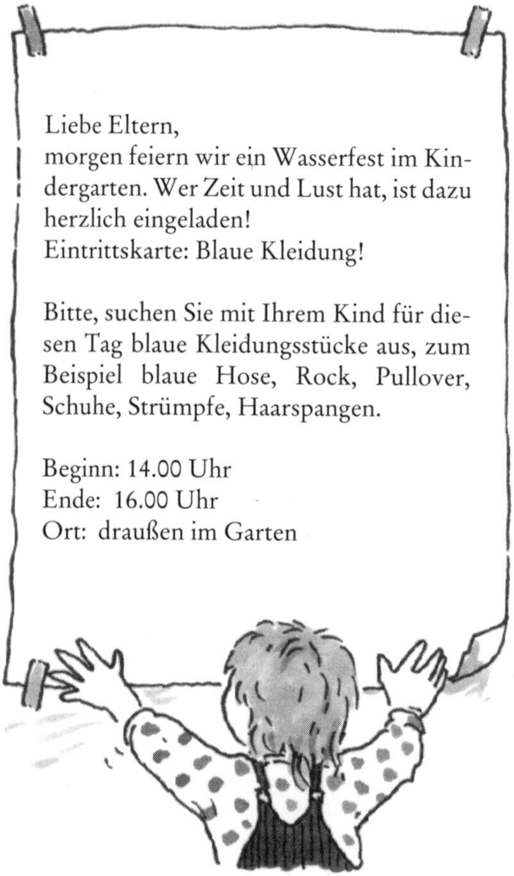

Zum Festbeginn

Jeder, der zum Fest kommt, muß zu Beginn beim großen Gruppenbild, natürlich ein „Wasserbild", mitwirken. Dieses „Gemälde" kann unterschiedlich gestaltet werden, zum Beispiel:

Pflastermalerei
Mit farbigen Kreiden den Hof oder eine Betonwand des Hofes bemalen.

Plakatkunst
Lange Tapetenrollen sind auf dem Boden ausgelegt, dicke Pinsel und Wasserfarben oder Plakafarben stehen bereit, das fertige Wasserplakat kann später den Waschraum schmücken.

Wassermosaik
Viele Zeichenblätter liegen bereit, dazu Wasserfarben, Fingerfarben, dicke Wachsmalstifte oder Malkreiden; die fertigen Wasserbilder werden wie ein Mosaik zusammengesetzt und am Bretterzaun, an der Hauswand oder an einer quer durch den Garten gezogenen Wäscheleine befestigt.

Schminken

Wer mit Malen fertig ist, geht zum Schminktisch. Dort bekommt er zwei dicke, blaue Wassertropfen ins Gesicht gemalt und darf sich endlich zur „Wasserspielstraße" begeben.

Wasserspiele

Im Wasser landen

Eine Ente fliegt zum Teich. Wird sie gut landen?

Spielregel
Eine Wanne oder ein Planschbecken ist mit Wasser gefüllt. Eine Badeente wartet darauf, von dem Spieler aus einiger Entfernung in das Wasser geworfen zu werden.

Das Krokodil retten

Ein Krokodil hat zum Schwimmen keine Lust mehr und will aus dem Wasser herausgezogen werden. Wer hilft ihm?

Spielregel
Ein kleines aufblasbares Krokodil oder ein anderes Schwimmtier schwimmt im Planschbecken oder in einer Wasserwanne und wartet darauf, daß der Spieler ihm einen Schwimmring überwirft.

Eine Dusche für den Pinguin

Dem kleinen Pinguin ist es zu heiß, er braucht dringend eine Dusche. Wer macht mit?

Spielregel
Ein Pinguin oder ein anderes Schwimmtier steht auf einem Hocker vor dem Planschbecken und wartet darauf, daß ihn ein Spieler mit der Spritzflasche anspritzt und so trifft, daß er in das Becken fällt.

TIP: Leihen Sie von Familien die Planschbecken oder Wannen aus.

Auf Tauchstation

In einer mit Wasser gefüllten Wanne liegen auf dem Boden mehrere Gegenstände, zum Beispiel Plastikauto, Schlüssel, Löffel, Murmel, Kreide, Schwamm, Kieselstein, Puppenkochtopf, Sonnenbrille. Mindestens zehn Dinge sollten es sein.

Spielregel
Dem Spieler werden die Augen verbunden, dann tastet er im Wasser nach den Gegenständen. Wie viele wird er erraten?

Wasser zum Leben

Ohne Wasser kann kein Mensch, kein Tier und keine Pflanze leben, die Erde wäre ausgetrocknet und leer. Niemand würde auf der Erde wohnen! Denn alles, was lebt, braucht Wasser zum Weiterleben! Ohne Essen kann man ein paar Wochen auskommen, aber ohne Trinken nur drei oder vier Tage.

Wenn wir Wasser trinken

Wo bleibt das Wasser, das wir trinken? Wenn die Kinder danach fragen, können Sie ihnen den komplizierten Vorgang auch vereinfacht erklären:
Wir Menschen müssen täglich etwa 2 Liter Wasser trinken. Das braucht unser Körper, damit wir sehen, hören und schmecken, oder gehen, sitzen und laufen, oder singen, lachen und reden, oder spielen, tanzen und basteln können.

Wenn das Wasser in unserem Körper ausgebraucht ist, dann verläßt es den Körper. Wir gehen auf die Toilette und lassen das Wasser als Urin, also als „Pippi", wieder heraus.
Durch unsere Haut schwitzen wir auch Wasser aus, deshalb ist zum Beispiel an einem heißen Sommertag unser T-Shirt ganz naßgeschwitzt.
Auch mit der Atemluft wird Wasser aus unserem Körper ausgeschieden. Das können die Kinder testen, wenn sie ein Fenster anhauchen: Auf der Glasscheibe bildet sich ein feiner Wasserfilm.

Ich habe Durst!

Kinder haben oft Durst und sollten immer wieder etwas trinken.

Wie oft am Tag trinken denn die Kinder? Das können sie selbst mit diesem „Durst-Plakat" überprüfen: Ein großes Plakat wird an einer Wand befestigt. Immer, wenn ein Kind etwas getrunken hat, geht es zum Plakat und malt einen dicken Strich auf das Papier. Am Schluß des Tages wird das Plakat mit vielen Strichen vollgekritzelt sein – und das bedeutet: So viel und so oft haben die Kinder heute getrunken.

Tiere haben Durst!

Auch die Tiere haben Durst und brauchen Wasser, damit sie leben können. Wo finden sie ihr Wasser zum Trinken? Die Kinder erzählen, was sie darüber wissen, und können mit diesem einfachen Kartenspiel ihr Wissen vertiefen.

Spielkarten selbstgemacht
Ein Kartonpapier wird in viele kleine Spielkarten zerschnitten. Immer zwei Spielkarten gehören zusammen. Die Kinder bemalen die Karten oder schneiden aus Zeitschriften die passenden Motive aus und kleben sie auf. Immer zwei Kartenmotive gehören zusammen. Beispiele für Kartenpaare:

Vogel – Pfütze
Hund – Wassernapf
Maus – Waldbach
Reh – Weiher
Hase – Wiesenbach
Kuh – Wassertrog
Schwein – Schlammpfütze
Wellensittich – Wassernapf im Käfig
Katze – Wasserschüssel in einer Ecke
Pferd – Eimer Wasser
Ente – Teich
Elefant – Wasserloch im Sand
Löwe – Fluß

Zu den Tieren werden Wasserstellen zugeordnet, die diese in freier Natur aufsuchen, aber auch Wasserbehälter, in denen sie zu trinken bekommen.

Spielregel
Alle Karten liegen bunt gemischt auf dem Tisch. Wer findet die richtigen Kartenpaare? Auch nach den Regeln des Memory- oder Lottospiels kann dieses Kartenspiel gespielt werden.

Pflanzen haben Durst!

Pflanzen trinken Wasser, das können die Kinder an folgendem Experiment beobachten.

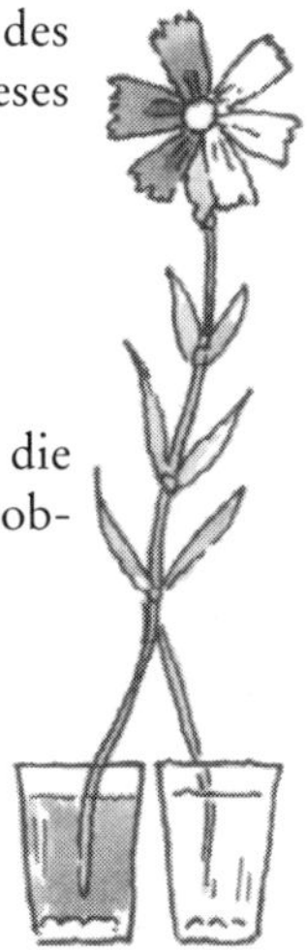

Schau, die Pflanze trinkt!
Füllen Sie ein Glas mit Wasser und geben Sie farbige Tinte, Ostereierfarbe oder Lebensmittelfarbe dazu. Dann stellen Sie eine weiße Blume ins Glas, zum Beispiel eine weiße Nelke oder ein weißes Alpenveilchen. Schon nach einiger Zeit färbt sich die Blüte. Wenn sie eine zweifarbige Nelke haben wollen, dann spalten Sie den Stengel der Blume etwa 10 cm tief und stecken je eine Stengelhälfte in ein Wasserglas mit und eines ohne rote Tinte. Nach ein paar Stunden verwandelt sich die Nelke in eine Zauberblume: Die eine Blütenhälfte ist rot geworden.

Wasser braucht der Wasserfloh

Text von Monika Ehrhardt
Melodie von Reinhard Lakomy

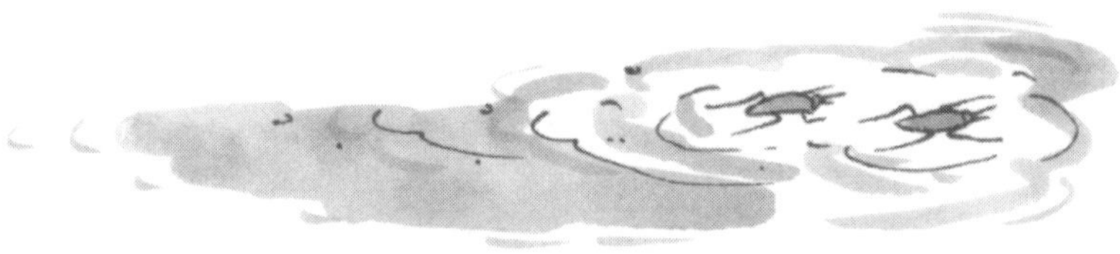

Waschraum-Abenteuer

Die Waschräume der Kindergärten sehen oft wie hygienische Zellen der Sauberkeit aus – von Spielen, Phantasieren, Erlebnissen und Abenteuern ist keine Spur!
Früher konnten sich die Kinder am Bach oder am Dorfbrunnen mit lustvollen Wasserspielen austoben. Und heute? Die Kinder erfahren die Erlebniswelt Wasser mit vielen Verboten:

- Sie dürfen nach einem Regen nicht in die herrlich großen Pfützen stampfen.
- Sie dürfen sich an einem Springbrunnen nicht naßspritzen.
- Sie dürfen in den künstlichen Teich im Park keine Steine werfen.
- Der Bach verschwindet in der Kanalisationsröhre, und der Fluß ist zu schmutzig zum Baden.

Wo bleiben die Spielräume für die Kinder? Wo können sie mit Wasser spielen, das Wasser erleben, die Besonderheiten des Wassers erfahren? Wenn Sie davon überzeugt sind, daß diese Erlebnisse für die Kinder wichtig sind, dann richten Sie im Waschraum des Kindergartens eine Erlebniswelt ein.

Abenteuer-Einrichtung

Wasserhähne
Unterschiedliche Wasserhähne installieren, dann können die Kinder die verschiedenen technischen Handhabungen ausprobieren.

Siphon
Mindestens einen durchsichtigen Siphon anbringen, dann können die Kinder sehen, was mit dem Schmutzwasser passiert.

Wasserecke
Ein großes Dusch- oder kleines Planschbecken in einer Ecke installieren, mit einem durchsichtigen Vorhang als Spritzschutz. Dort können die Kinder mit Schläuchen, Pumpsystemen, Trichtern, Flaschen, Eimern und Bechern experimentieren und Erfahrungen sammeln.

Pflanzen
Pflanzen aufstellen, die auch in der Natur viel Wasser brauchen und in wasserreichen Gegenden wachsen, zum Beispiel Farne, Zyperngras, Sumpfvergißmeinnicht, Schilf oder Bambus.

Wasserbehälter
Ein durchsichtiges Wassergefäß aufstellen und Zwergseerosen einpflanzen, oder ein Aquarium mit Wasserpflanzen und Wasserschnecken aufstellen (siehe Seite 94 f).

Spiegel
Spiegelkacheln, Spiegelsysteme, große und kleine Spiegel anbringen, auch zwei gegenüberliegende Spiegel, die den Blick in eine „unendliche Ferne“ freigeben.

Beleuchtung
Punktstrahler und bunte Beleuchtungen installieren, Prismen und Kristalle am Fenster befestigen, so daß die Regenbogenfarben über die Wände huschen.

Bunte Kacheln
Die Kacheln bunt anmalen oder eine Unterwasserwelt mit Fischen und Pflanzen auf die Kacheln malen, ein schönes Mosaik an einer Wand anbringen.

Düfte
Düfte beleben einen Waschraum. In eine flache Wasserschale werden ein paar Tropfen eines Duftöls geträufelt. Dieser Duft wird sich bald im ganzen Raum verteilen. Auch an Duftseifen schnuppern die Kinder gerne.

Wasser aus dem Wasserhahn

Ganz einfach ist das mit dem Wasserhahn: Man dreht ihn auf, und schon fließt Wasser heraus. Doch, wo kommt das Wasser her? Wenn die Kinder danach fragen, dann machen Sie am besten einen Ausflug in den Keller.

Von hier aus führt ein dickeres Wasserrohr durch die Kellerwand nach draußen. Von dort also kommt das Wasser?
Nein, der Weg der Wasserrohre führt weiter zurück.
Die Rohrleitungen draußen sind unter der Erde verlegt. Jedes Haus hat eine Anschlußleitung, die zu einer Hauptleitung führt und mit dem Wasserwerk verbunden ist.

Ein Ausflug in den Keller

Im Keller sind die Wasserrohre meistens nicht unter Putz, sondern sind außen an Decke und Wänden montiert und gut zu sehen. Die Kinder können den Lauf der Wasserrohre verfolgen und finden dabei die Wasseruhr und den Haupthahn.

Wir bauen Wasserleitungen

Wieso das Wasser in den Wasserrohren fließt, das können die Kinder bei diesen Wasserschlauch-Spielen herausfinden.

Mit Gummischlauch und Trichter

Auf ein Stück Gartenschlauch, etwa 1 bis 2 m lang, stecken die Kinder einen Trichter. Was passiert, wenn sie jetzt Wasser in den Schlauch gießen? Auf der anderen Seite des Schlauches sprudelt das Wasser wieder heraus. Doch nun wird es spannend: Ein Kind hält das andere Ende des Schlauches höher ... und höher ... und höher ... und auf einmal fließt kein Wasser mehr. Wenn jetzt Wasser nachgefüllt wird, schwappt es über den Rand des Trichters. Was ist geschehen?

Des Rätsels Lösung
Erst wenn das Ende des Wasserschlauches tiefer als der Anfang liegt, kann das Wasser abfließen. Sobald das Schlauchende höher liegt, fließt das Wasser zurück, also in den Trichter.

Riesenwasserleitung

Das gleiche Experiment können die Kinder auch mit längeren Wasserschläuchen durchführen. Der Wasserschlauch kann sich um viele Hindernisse winden, bergauf und bergab geführt werden. Es kommt nur darauf an, daß der Anfang des Schlauches mit dem Einfülltrichter höher gehalten wird als das Ende. Dieses Spiel macht den Kindern großen Spaß, und sie werden für den Wasserschlauch viele kuriose Hindernisse aufbauen wollen.

Der Wasser-Transport-Trick

Man braucht dazu zwei Wasserbehälter, einer davon wird mit Wasser gefüllt und höher gestellt als der andere. Dann nimmt man einen Gummischlauch, füllt ihn mit Wasser und drückt die beiden Enden zu, damit das Wasser im Schlauch festgehalten wird. Nun führt man das eine Ende des Schlauches in das mit Wasser gefüllte Gefäß bis auf den Boden, erst dann dieses Schlauchende loslassen. Die andere Seite des Schlauches wird in das leere Gefäß, das tiefer steht, gesteckt und losgelassen. Was passiert?
Das Wasser fließt, wie von Geisterhand geführt, von einem Gefäß in das andere. Dieser Trick mit dem Absaugschlauch funktioniert nur, wenn der Schlauch vorher mit Wasser gefüllt ist, also keine Luft enthält.

Wo das Trinkwasser herkommt

Im Wasserwerk wird das Trinkwasser gespeichert und mit Pumpen durch die Wasserrohre in die Häuser weitergeleitet. Die Wasserwerke haben verschiedene Möglichkeiten, an Trinkwasser heranzukommen:
Ist ein See in der Nähe, entnehmen sie von dort das Wasser. Gibt es eine Quelle, dann zapfen sie das Quellwasser ab. Oder sie bohren tiefe Brunnen in den Boden, bis sie auf Grundwasser stoßen, das sie hochpumpen können.
Weil das Wasser meistens keine Trinkwasserqualität mehr hat, nennt man es Rohwasser, das erst mit großen Wasserfiltern gereinigt werden muß.

Das Grundwasser

Woher kommt das Grundwasser, und wer füllt es auf? Das Regenwasser sickert in die Erde, und zwar so tief hinunter, bis es auf eine Erdschicht kommt, die kein Wasser durchläßt, zum Beispiel Ton oder Lehm. Hier sammelt sich das Wasser, jetzt heißt es Grundwasser.
Manchmal fließt das Grundwasser unter der Erde weiter und kommt als Quelle wieder zum Vorschein.
Die Gebiete, unter denen das Grundwasser liegt, werden mit Schutzschildern gekennzeichnet.

Verschmutzung des Grundwassers

Wenn die Kinder danach fragen, weil sie zum Beispiel von ihren Eltern davon gehört haben, dann können Sie den komplizierten Sachverhalt vereinfacht erklären:

- Die Abfälle von ungesicherten Müllkippen werden vom Regenwasser aufgelöst, sickern in den Boden und kommen als Dreck und Gift im Grundwasser an.
- Düngemittel und Mittel zur Vernichtung von Unkraut oder Schädlingen werden auf Feldern und Wiesen verteilt. Das sind Giftstoffe, die sich im Regenwasser auflösen, durch die Erde sickern und so in das Grundwasser gelangen.
- Autoabgase und Fabrikstaub in der Luft werden vom Regen aufgenommen und kommen mit dem Regenwasser in das Grundwasser.

Wo das Schmutzwasser hinfließt

Das Wasser im Waschbecken fließt durch ein Abflußrohr wieder ab, ebenso das Seifenwasser aus der Dusche, das Schmutzwasser der Küche, die Seifenbrühe von der Spül- oder Waschmaschine und das Toilettenwasser, das in den Abfluß gespült wird.
Dieses Schmutzwasser heißt Abwasser und fließt in Abwasser-Rohrleitungen wieder aus dem Haus. Die Abwasserleitungen münden in einen großen Abwasserkanal, der zur Kläranlage führt. Dort wird das Wasser gereinigt und danach in die Flüsse abgeleitet. Mit dem Flußwasser fließt es ins Meer.

In der Kläranlage

Dort fließt das Schmutzwasser durch große Siebe in mehrere Becken, dabei werden die groben Schmutzteile abgesiebt. Die kleineren Schmutzteile sinken als Schlamm, er heißt Klärschlamm, auf den Boden der Becken. Zum Schluß leitet man das Wasser über einen besonderen Filter, der die restlichen Giftstoffe herausfiltert. Das gereinigte Wasser wird täglich von Fachleuten überprüft.

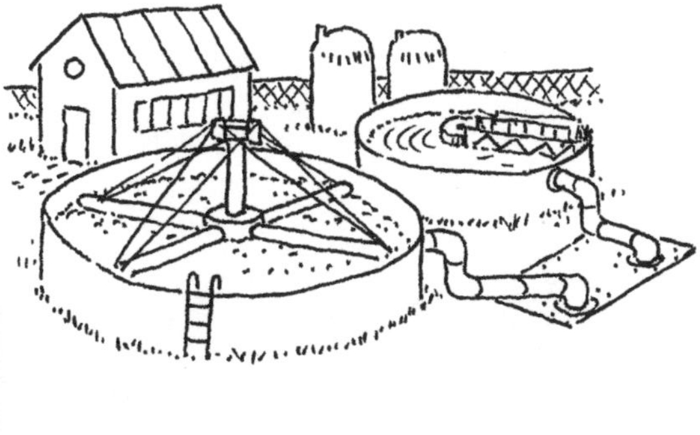

Ein Wasserfilter selbst gebaut

Schmutzwasser
Für das Schmutzwasser füllen die Kinder in einen Wassereimer Erde, Blätter, Zweige, kleine Steinchen, zerbröselte Malkreide und vielleicht noch ein Plastikauto. Der Eimer wird mit Wasser aufgefüllt.

Wasserfilter
Für den Wasserfilter brauchen die Kinder 5 gleichgroße Blumentöpfe, die am Boden eine Öffnung haben und ineinander gestapelt werden können.
In den ersten Topf legen die Kinder ein zurechtgeschnittenes Filterpapier. Auf den Boden des zweiten Topfes füllen sie Aktivkohle (aus der Drogerie). In den dritten Topf kommt eine Schicht Sand, in den vierten eine Schicht feinen Kieses, und in den letzten Topf füllen die Kinder kleine Kieselsteine. Dann werden alle Töpfe aufeinandergestapelt und auf ein Gefäß gestellt, am besten ein Glasgefäß, in das das gefilterte Wasser fließen kann.

Das Wasser wird gefiltert
Die Kinder gießen das Schmutzwasser in den obersten „Filtertopf", der mit Kieselsteinen gefüllt ist, und beobachten, wie unten im Glasgefäß sauberes Wasser ankommt.
Zum Schluß bauen die Kinder ihre „Kleine Kläranlage" wieder auseinander und schauen in jedem Topf nach, welche Schmutzteilchen in welchem „Filter" zurückgehalten wurden.

Wasser im Kindergarten

Die Kinder suchen in allen Räumen, drinnen und draußen, kurzum im ganzen Kindergarten nach Wasser.
Im Gruppenraum fängt die Expedition an:

- Gibt es einen Wasserhahn?
- Brauchen die Kinder in der Puppenecke Wasser?
- Gibt es Pflanzen, die Wasser trinken?
- Gibt es Tiere, die mit Wasser versorgt werden?
- Beim Wasserfarben-Malen nimmt man Wasser, dazu gibt es extra Becher.
- Und was trinken die Kinder?

Die Kinder überlegen, wofür sie Wasser brauchen. Dann geht es weiter in alle anderen Räume: in Küche und Waschraum, zu den Toiletten, in den Keller und in verschiedene Nebenräume und natürlich auch in den Garten. Überall stecken die Spürnasen ihre Nase hinein und schauen sich um, wo Wasser gebraucht wird. Das kann lange dauern, bis der Wasserausflug beendet ist und die Kinder wieder in den Gruppenraum zurückkommen.

Alle reden vom Wassersparen!

Warum soll man Wasser sparen, wenn der Regen immer wieder neues Wasser nachliefert? Wir verbrauchen viel mehr Wasser, als sich wieder im Grundwasser ansammeln kann. Dazu kommt, daß durch die Veränderung und Bebauung der Landschaft immer weniger Regenwasser in den Boden sickern kann:

- Feuchtwiesen werden trockengelegt – das Wasser kann nicht in den Boden sickern, sondern wird abgeleitet.
- Wälder werden abgeholzt – das Wasser verdunstet auf der Landfläche, bevor es in den Boden eindringen kann.
- Das Land wird verbaut und mit Betonstraßen abgedichtet – das Wasser kann nicht in die Erde sickern, sondern wird über Rohre in die Flüsse geleitet, das Flußwasser fließt dem Meer zu, und das Grundwasser bekommt nicht mehr genügend Zulauf..

Wie können wir Wasser sparen?

Gehen Sie mit den Kindern durch alle Räume des Kindergartens und besprechen Sie, wo man Wasser sparen kann:

Tropfender Wasserhahn
Hier wird in der Stunde bis zu 1 Liter Wasser vergeudet, das sind am Tag 24 Liter. Wird der Wasserhahn nicht repariert, dann bildet sich mit der Zeit ein feiner Wasserstrahl mit einem Wasserverbrauch von 10 Litern, das sind an einem Tag 240 Liter Trinkwasser, also 24 große Wassereimer – ohne daß ein Tropfen davon gebraucht wird.

Toilette mit Spartaste
Bei jeder Toilettenspülung werden etwa 10 Liter Trinkwasser weggespült. Und wie oft am Tag muß ein Kind auf die Toilette? Bei einer Toilettenspülung mit Wasserstopptaste kann man den Wasserbedarf wirklich „nach Bedarf" regeln.

Beim Zähneputzen
Viele haben die Angewohnheit, während des Zähneputzens den Wasserhahn ganz aufzudrehen und das Trinkwasser in vollem Strahl ins Waschbecken laufen zu lassen, ohne es zu brauchen. Also: Zum Mundspülen das Wasser in einen Zahnputzbecher füllen, dann braucht man anstatt 10 oder 20 Liter besten Trinkwassers nur diesen kleinen Becher.

Zum Trinken
Hier muß man nichts einsparen, denn zum Trinken und Kochen benötigen wir wenig Trinkwasser, nur etwa 3 bis 6 Liter am Tag pro Person.

Der musikalische Wasserhahn

Text von Klaus W. Hoffmann
Melodie von Klaus W. Hoffmann und Rudi Mika

Die Tassen applaudierten,
und das Handtuch rief entzückt:
„Dein Rhythmus, lieber Wasserhahn,
klingt ja total verrückt!"
Die Messer und die Gabeln
tanzten quietschvergnügt umher,
und auch dem alten Suppentopf
gefiel der Rhythmus sehr.

Refrain: Tipi-tipi-tup-tup ...

Der Flötenkessel tanzte mit
und pfiff die Melodie.
Die Teller klapperten im Takt
mit sehr viel Phantasie.
Die Töpfe schepperten im Schrank,
die Gläser klirrten leis',
der Abfalleimer rülpste laut
und drehte sich im Kreis.

Refrain: Tipi-tipi-tup-tup ...

Da sprach die alte Küchenuhr,
daß ihr der Takt gefällt,
und hat ihr Ticken auf den
Wasserrhythmus umgestellt.
Auf einmal war es mäuschenstill,
der Klempner kam herein.
Der Wasserhahn wurd' repariert
und ließ das Tropfen sein.

Refrain:
Tipi-tipi-tup-tup, träumt der Wasserhahn,
so träumt er immerzu.
Tipi-tipi-tup-tup, träumt der Wasserhahn
und findet keine Ruh'.

Spielidee

Zu diesem Lied spielen die Kinder auf ganz besonderen Instrumenten ihre Begleitmusik:
Musikinstrumente sind Töpfe, Deckel, Pfannen, Flaschen und Gläser, die mit Kochlöffeln und Löffeln im Rhythmus des tropfenden Wasserhahns angeschlagen werden.

2. Kapitel

Wasserkreislauf

Wo gibt es Wasser?

Die Kinder erzählen:

Hanna: „Wenn man den Wasserhahn aufdreht, fließt das Wasser ins Waschbecken."

Till: „Im Meer gibt es ganz viel Wasser, so daß große Dampfer darauf fahren und riesengroße Walfische darin schwimmen können."

Felix: „Wenn es regnet, wird die Erde naß, und auf den Straßen sammelt sich das Wasser in Pfützen."

Judith: „Am Bach fließt ständig Wasser vorbei, es kommt irgendwoher und fließt irgendwohin."

Eva: „Im Freibad und im Hallenbad gibt es sehr viel Wasser zum Schwimmen und Tauchen, das Wasser kommt aus einer großen Wasserleitung."

Jan: „Im See gibt es Wasser, das war schon immer da."

Dies sind die Beobachtungen der Kinder und ihre Umwelterfahrungen.
Kinder, die an einem Fluß oder am Meer wohnen, können sicher noch genauere Aussagen über das Woher und Wohin des Wassers machen. Die anderen Kinder haben ihr Wissen aus Geschichten, Bilderbüchern, Zeitschriften oder Fernsehsendungen.
Doch, woher kommt das Wasser? Die Geschichte vom Regentropfen-Männlein ist zugleich die Beschreibung des Wasserkreislaufs.

Die Reisegeschichte des Regentropfen-Männleins

Das Regentropfen-Männlein ist winzig klein. So klein, daß es bequem in einem Regentropfen Platz hat. Da hält es sich auch am liebsten auf. Nicht in jedem Regentropfen ist so ein Männlein. Doch ich weiß gewiß, daß in jeder Regenwolke mindestens ein Regentropfen-Männlein mitfliegt. Das jedenfalls erzählte mir Quips. Er ist ein Regentropfen-Männlein. Wie ich ihn kennengelernt habe? Das kam so:

Ich ging spazieren. Da fing es zu regnen an. Ich streckte meine Hand aus, um einen Regentropfen einzufangen – und in diesem Regentropfen saß Quips, das klitzekleine Regentropfen-Männchen. Es kletterte aus dem Regentropfen heraus, kicherte lustig, schüttelte sich ein wenig und erzählte mir dann mit seiner dünnen, hohen Stimme sein Reiseabenteuer:

Zuerst segelte Quips hoch oben in der Luft in einem Wassertropfen. Gemütlich schaukelte er hin und her und sah zu, wie immer mehr Wassertropfen dazukamen. Sie drängten sich dicht zusammen und bildeten eine bauschige Wolke. Das konnte Quips genau sehen.
Diese Wolke wurde schließlich von einem Wind erfaßt und weit über das Land getrieben. Quips reiste in seinem Wassertropfen mit. Er konnte von oben die Landschaft sehen, Wälder, Wiesen, eine Stadt und in der Ferne ein Gebirge. Seine kleine weiße Wolke wurde immer größer und größer, denn es kamen immer neue Wassertropfen dazu. Bald wurde der Wind stärker und trieb die dicke Wolke eilig vor sich her. Da wurde es Quips beinahe schwindelig, so heftig wurde er in seinem Wassertropfen hin und her gerüttelt.
Schließlich war die Wolke so dick und schwer, daß auch die Sonne nicht mehr durchscheinen konnte. Quips sah nichts mehr, dunkel und schwarz war es jetzt um ihn herum. Doch das beunruhigte ihn nicht. Er wußte, daß die Wolke eine große Regenwolke geworden war und bald regnen würde.
Bald war es soweit, die dunkle Regenwolke konnte die vielen Wassertropfen nicht mehr halten, ließ sie los, und es begann zu regnen. Alle Tropfen fielen auf die Erde – und Quips war mitten dabei. Hui – mit Schwung ging es abwärts, wie auf einer Super-Rutschbahn …

Die Fortsetzungen der Geschichte:

... und nun kann die Reise des kleinen Quips (siehe die Seite vorher) sehr unterschiedlich weitergehen. Es kommt darauf an, wo Quips mit seinem Regentropfen landet.

Wenn Sie diese Geschichte zum erstenmal den Kindern erzählen, sollte der Regentropfen mit Quips natürlich in den Garten oder Hof des Kindergartens fallen. Je nachdem, wie das Gelände rund um den Kindergarten aussieht, wird die Reise des Quips fortgesetzt, zum Beispiel mit folgenden Reise- Stationen:

- Kindergartenwiese ... Grundwasser ... Quelle ... Bach ... Fluß ... Meer ... Wolke ...
- oder: Kindergartenhof ... Pfütze ... Wolke ...
- oder: Kindergartenweg ... Grundwasser ... Teich ... Bach ... See ... Wolke ...

Es wird für Quips viel zu sehen geben, vor allem, wenn er die lange Reise bis zum Meer antritt: Blumen am Bach, Tiere, die dort Wasser trinken, Kinder, die am Ufer spielen und sich gegenseitig naß spritzen, es gibt Wälder, Wiesen, Felder, Dörfer, Städte und Fabriken zu sehen, und auf dem Wasser Ruderboote, Segelschiffe, kleine Dampfer oder große Lastkähne.

Vielleicht wird Quips auch die Abflußrohre einer Fabrik entdecken, aus denen dunkles, übel riechendes Wasser in den Fluß abgelassen wird, und er hört das Klagen der Fische, die von diesem Abwasser krank werden.

Der Schluß der Geschichte

... die Sonne erwärmt das Wasser in der Pfütze, im See oder im Meer. Das Wasser wird zu Wasserdampf und steigt himmelwärts. Hoch oben in der Luft ist es kühler, die Wasserdampf-Tröpfchen verdichten sich und verwandeln sich wieder in einzelne Wassertropfen.

Und der kleine Quips?
Wie kommt er wieder zu den Wolken?
Das hat er mir verraten: Er wartet auf den nächsten Regenbogen, der führt ihn hinauf in den Himmel zu den schwebenden Wassertropfen. Dort angekommen sucht sich Quips einen schönen großen Wassertropfen aus, steigt ein ... und die nächste Abenteuerreise kann beginnen.
Und was passiert dann?

Eine unendliche Geschichte

Die Geschichte vom Regentropfen-Männlein beginnt wieder von vorne. Doch diesmal wird der Regentropfen mit Quips an einer anderen Stelle auf die Erde fallen. Vielleicht im Gebirge oder auf einer Waldwiese ...?

Diese Geschichte sollten Sie mehr als einmal erzählen, dann erfassen die Kinder das, was wir „Wasserkreislauf" nennen.

Reise-Bilderbuch

Die Reise eines Regentropfens oder die Abenteuerreise des Regentropfen-Männleins werden in einzelne Bilder aufgeteilt, zum Beispiel:

die Wolke
die dunkle Regenwolke
es regnet auf die Wiese
ein Teich mit Fröschen
ein Bach mit Blumen am Ufer
ein See mit badenden Kindern
ein Fluß mit Booten
ein Meer mit Dampfern
der Regenbogen

Jedes Kind sucht sich ein Thema heraus und malt das Bild. Alle Bilder werden auf einer Wäscheleine festgeklammert. Die Reihenfolge bestimmen die Kinder, und gemeinsam erfinden und erzählen sie anhand ihrer Bilderfolge ihre Reisegeschichte des Regentropfen-Männleins.

Der Wasserkreislauf und was die Kinder beobachten können

Manche Kinder wollen es ganz genau wissen! Ihnen sollten Sie so einfach wie möglich und dennoch so ausführlich und genau wie nötig den Sachverhalt erklären.

Die Sonne

... erwärmt mit ihren Sonnenstrahlen die Erde und alles, was auf der Erde ist.

Beobachtung
Die Sonnenwärme können die Kinder selbst spüren, wenn sie an einem Sonnentag nach draußen in die Sonne gehen, im Schatten dagegen ist es kühler.

Die Sonne

... erwärmt auch das Wasser in den Pfützen, und sie wärmt die Wasseroberfläche der Seen und Meere. Dabei verdunstet das Wasser zu Wasserdampf. Er besteht aus Wassertröpfchen, die so klein sind, daß man sie nicht mehr sehen kann. Weil sie so leicht sind, steigen sie mit der warmen Luft nach oben.

Beobachtung
Das können die Kinder sehen, wenn sie ein flaches Schälchen mit wenig Wasser in die Sonne stellen: Nach ein paar Stunden ist das Wasser verschwunden, also verdunstet.
Der gleiche Vorgang läßt sich auch mit siedendem Wasser zeigen: Der aufsteigende Wasserdampf löst sich in der Luft völlig auf, die Wassertröpfchen sind unsichtbar geworden.

Die Luft

... hoch oben am Himmel ist kühler als die Luft unten auf der Erde.

Beobachtung
Auf Bildern oder Fotos sehen die Kinder, wie auf den Gipfeln sehr hoher Berge Schnee liegt, aber unten im Tal die Wiesen grün sind und die Blumen blühen.

Der Wasserdampf

... steigt auf und gelangt in diese kühle Luft, dort kühlt er ab. Dabei rücken die Wasserdampftröpfchen so dicht zusammen, daß sie wieder zu größeren Wassertropfen werden.

Beobachtung
Stellt man einen Teekessel mit kochendem Wasser auf eine Fensterbank, so setzt sich an der Fensterscheibe Wasserdampf ab, das Fenster beschlägt sich.

Die Wolke

... besteht aus vielen Wassertropfen. Wenn die Wassertropfen groß und schwer geworden sind, fallen sie herunter auf die Erde, es regnet.

Beobachtung
Auch der Wasserdampf an der Fensterscheibe verdichtet sich wieder, es bilden sich sichtbare, große Wassertropfen, die an der Scheibe herunterfließen.

Anmerkung für kluge Köpfchen:
Manche Wolken bestehen aus Wassertröpfchen und Eiskristallen. Diese Eiskristalle schmelzen, bevor sie als Regen niedergehen.

Wir machen Regen

Eine Schöpfkelle wird in den Kühlschrank gelegt. Dann bringen Sie einen Topf Wasser zum Sieden, so daß der Dampf sichtbar aufsteigt.
Jetzt kann der Regenmacher seine Kunst zeigen: Er holt die eiskalte Schöpfkelle aus dem Kühlschrank und hält sie über den aufsteigenden Wasserdampf. An der Außenseite der Kelle kühlt sich der Dampf ab, es bilden sich dicke Wasserperlen, die als Regen heruntertropfen.

Was macht der Regenwurm, wenn es regnet?

Ein Regenwurm mag den Regen gar nicht! Er kommt nur deshalb aus seinen Erdgängen heraus, damit er im Regenwasser, das sich in seinen Gängen ansammelt, nicht ertrinkt. Nach dem Regen muß er schnell wieder in die Erde zurückkriechen, sonst trocknet er in der Sonne aus und geht zugrunde.

Das alles sind Wolken

Warum sehen die Wolken so unterschiedlich aus? Es kommt darauf an, in welcher Höhe die Wolke schwebt und wie stark der Wind bläst. Einige typische Wolkenformen haben sehr phantasievolle Namen. Das interessiert die Kinder. Natürlich ist es nur dann sinnvoll, von Wolken zu sprechen, wenn am Himmel auch tatsächlich Wolken zu sehen sind. Es gibt:

Federwolken

Sie sehen wirklich wie weiße Federn am Himmel aus oder wie Haarsträhnen oder Stoffasern. Diese Wolken kündigen schlechtes Wetter an.

Schleierwolken

Sie sehen wie feine, weiße Himmelsschleier aus. Die Wolkenschicht ist dünn und fast durchsichtig.

Schäfchenwolken

Sie sehen wie weiße Wattebäusche aus. Sie können sich zu Regenwolken oder sogar zu Gewitterwolken zusammenballen.

Haufenwolken

Sie sehen manchmal wie Sahneberge, dann wieder wie Gespenster oder Gesichter aus. Sie verändern ständig ihre Form, und es macht Spaß, diesem Wolkenschauspiel zuzusehen. Allerdings kündigen sie Regen und Gewitter an.

Regenwolken

Sie sehen grau und dunkel aus und verfinstern manchmal den ganzen Himmel. Die Wassertröpfchen dieser Wolken sind so dicht miteinander verbunden, daß kein Sonnenlicht mehr durchscheinen kann. Aufgepaßt, es wird gleich regnen!

Wolkenbilder

Die schönsten Wolkenbilder zeichnet die Natur selbst. Ihr Zeichenpapier ist der blaue Himmel. Schauen Sie mit den Kindern dieses „Himmelsgemälde“ lange an. Es ist spannend zu beobachten, wie die Wolken vorüberziehen, wie sie sich aufbauschen, wie kleine Wolken immer größer werden, wie Wolken weitersegeln oder fast unbeweglich am Himmel stehen. Nun wird es den Kindern leicht fallen, auch ein Wolkenbild zu malen. Auf den blauen Wasserfarben-Himmel ziehen bald die schönsten Wolken auf, zum Beispiel:

- mit Deckweiß,
- mit weißer Fingerfarbe,
- mit Watte, die gezupft, gebauscht oder dünn auseinandergezogen und dann aufgeklebt wird.

Im watteweichen Wolkenhaus

Aus: Hast Du etwas Zeit für mich (IMP 1024)
Der Sommer schmeckt wie Himbeereis (IMP 1041)

Text von Jutta Richter
Melodie von Ludger Edelkötter

Im watteweichen Wolkenhaus
wohnen tausend Wolken.
Die denken sich den Regen aus
mit Blitzen und mit Sturmgebraus.
Im watteweichen Wolkenhaus
wohnen tausend Wolken.

Die Frühlingswolken sehen aus
wie Segelschiffe auf dem Meer.
Der Himmel ist ganz blankgeputzt,
als ob er frisch gewaschen wär'.
Im watteweichen Wolkenhaus
wohnen tausend Wolken.

Die schwarze Wolke Gurugu
sieht man nur im Sommer.
Sie kommt und deckt die Sonne zu.
Dann heult der Wind huhu huhu.
Ganz leise rollt der Donner,
leise rollt der Donner.

Das große Wolkenfest im Herbst
macht allen Wattewolken Spaß.
Sie fahren Karussell im Sturm
und regnen alle Leute naß.
Im watteweichen Wolkenhaus
wohnen tausend Wolken.

Im Winter ist der Himmel grau.
Da fassen sich die Wolken an.
Sie schieben sich vors Himmelblau,
Mann und Kind und Wolkenfrau,
damit es endlich schneien kann,
damit es endlich schneien kann.

Im watteweichen Wolkenhaus
wohnen tausend Wolken.
Die denken sich den Regen aus
mit Blitzen und mit Sturmgebraus.
Im watteweichen Wolkenhaus
wohnen tausend Wolken.

Regenwetter-Spiele

Wenn es regnet, eilen die Leute schnell nach Hause, verstecken sich unter ihren Regenschirmen und wollen auf keinen Fall naß werden. Das ist schade – denn es ist ein lustiges Gefühl, wenn einen die Regentropfen im Gesicht kitzeln und bitzeln.
Sicher machen bei diesen Regenwetter-Spielen ein par mutige Kinder mit.

Regentropfen spüren

Wenn es regnet, dann heißt es dieses Mal: Nichts wie hinaus!
Die Kinder ziehen Regenmäntel und Gummistiefel an und rennen in den Garten. Sie breiten ihre Arme aus und fangen mit den Händen Regenwasser ein. So können sie den Regen und sogar einzelne Regentropfen spüren. Wie fühlt sich der Regen an? Die Kinder beschreiben, was sie fühlen und spüren. Und wer wagt es, auch sein Gesicht dem Regen entgegenzuhalten. Wer streckt den grauen Regenwolken frech die Zunge heraus?

Ein Tausendfüßler im Regen

Die Kinder stellen sich hintereinander auf, fassen sich an den Schultern – und los geht's im Tausendfüßler-Gleichschritt. Übrigens: Tausendfüßler lieben vor allem Pfützen!

TIP: Im Gleichschritt können die Kinder am besten marschieren, wenn sie dazu ein Lied singen. Wie wäre es mit der einfachen Form des Regenlieds Seite 57?

Regenwetter-Staffel

Start und Ziel ist die Eingangstüre des Kindergartens. Die Kinder sind in zwei Gruppen eingeteilt.
Der erste Spieler schlüpft, so schnell er kann, in Gummistiefel und Regenmantel, spannt einen Regenschirm auf, und ab geht's im Eilschritt bis zum Gartentor – oder einem anderen Punkt – und wieder zurück. An der Eingangstüre angekommen muß er schnell den Regenschirm zuklappen, Regenmantel und Gummistiefel ausziehen und alles dem nächsten Spieler seiner Gruppe übergeben.

Für zwei Gruppen braucht man natürlich zwei Regenmäntel, Gummistiefel und Regenschirme.
Wer gerne Spaß und Quatsch macht, der kann den Staffel-Lauf auch mit kuriosen Dingen ausstatten, zum Beispiel mit Taucherbrille, Schal, Pudelmütze und Wasserball. Das gibt ein Gelächter!

Sind wir eben patschnaß!

Text und Musik von Ulrike und Bernd Meyerholz

Dieses Regenlied ist ein Kanon.

Blitz und Donner

Viele Kinder haben Angst vor Blitz und Donner. Es ist die Angst vor einem großen, schreckhaften, unbekannten und deshalb bedrohlichen Himmelsschauspiel. Diese Angst kann gebannt werden, wenn die Kinder genauer wissen, was Blitz und Donner sind.

Es blitzt!

Blitze entstehen in Gewitterwolken. Es sind elektrische Funken, die von einer Wolke zur anderen oder von der Gewitterwolke zur Erde springen.

Beobachtung
Solche elektrische Funken können die Kinder in der Stadt bei Straßenbahnen, S-Bahnen oder Zügen mit Hochspannungsleitungen sehen. Da funkt auch manchmal die Hochleitung, wenn die Bahn mit ihrem Querbügel an der Leitung entlangstreift.

Es donnert!

Ein Blitz erhitzt die Luft so sehr, daß diese sich wie bei einer Explosion ausdehnt und mit der anderen, umgebenden Luft zusammenstößt. Dabei kracht und knallt es – das ist der Donner. Aus der Ferne hört sich ein Donner eher wie ein Grollen oder Rumpeln an.

Man kann bei Blitz und Donner genau wissen, wie weit das Gewitter entfernt ist. Blitz und Donner geschehen gleichzeitig, aber das Licht des Blitzes ist schneller als der Schall des Donners. Wenn es also blitzt und erst etwas später donnert, dann ist das Gewitter weiter weg.
Wenn Blitz und Donner schnell aufeinanderfolgen, bedeutet das, daß das Gewitter gerade über dem Ort hinwegzieht.

Das sollten die Kinder wissen!

Wenn die Kinder wissen, daß sie sich bei einem Gewitter an einem sicheren Ort aufhalten, brauchen sie sich nicht mehr zu fürchten.
Hier ist man vor einem Blitz sicher:

- in Häusern mit Blitzableiter,
- in Autos mit geschlossenen Fenstern.

Hier darf man sich bei einem Gewitter nicht aufhalten:

- Unter einem hohen Baum,
- im Freibad oder im See,
- bei Metallstangen oder Metallgeländer, neben Leitungsmasten oder Überlandleitungen.

Gewittermusik

Sie erzählen eine Gewitter-Geschichte und gleichzeitig spielen die Kinder auf Orffschen Instrumenten mit.

Erzählung
Es regnet.
Spiel
Klanghölzer beginnen leise und werden im Verlauf der Geschichte schneller und lauter; sie sind während der ganzen Geschichte zu hören.

Erzählung
Der Regen wird stärker.
Spiel
Kastagnetten und Holzblocktrommeln setzen nacheinander ein, es können auch einzelne Töne auf dem Xylophon klingen.

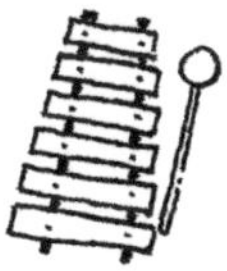

Erzählung
Der Wind setzt ein.
Spiel
Mit der Hand auf Trommelfell reiben.

Erzählung
Der Wind wird stärker.
Spiel
Zusätzlich mit der Bürste auf dem Becken hin und her streichen.

Erzählung
Donnergrollen ist in der Ferne zu hören.
Spiel
Große Trommel, erst leise, dann immer lauter, dazwischen kleine Pausen.

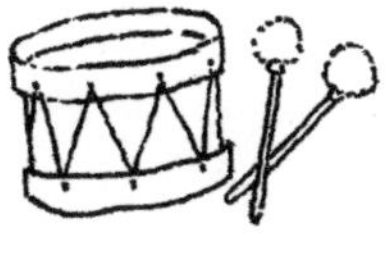

Erzählung
Da – ein Blitz!
Spiel
Triangel und Becken.

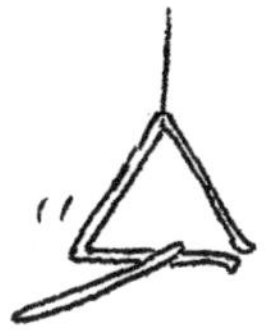

Erzählung
Der Donner wird lauter.
Spiel
Lautes Trommelspiel.

Erzählung
Da – noch ein Blitz, gleich darauf hört man lautes Donnerknallen.
Spiel
Trommelspiel und lauter Beckenschlag.

Erzählung
Der Regen prasselt auf die Straße.
Spiel
Rassel, Rätsche, Xylophon.

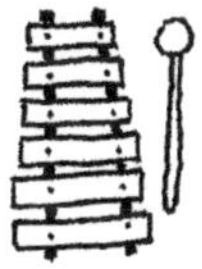

Erzählung
Langsam zieht die Gewitterwolke weiter.
Spiel
Alle spielen zunehmend leiser und langsamer, Blitzgeräusch verstummt.

Erzählung
Nur noch einzelne Regentropfen fallen.
Spiel
Klanghölzer.

Erzählung
Das Gewitter ist vorbei.
Spiel
Stille.

Der Regenbogen

Dieses herrliche Naturschauspiel bewundern die Menschen seit alters her. In vielen Geschichten ist der Regenbogen ein Zeichen des Friedens, wie zum Beispiel in der biblischen Geschichte von Noah und seiner Arche.
Ein Regenbogen erscheint am Himmel immer dann, wenn ein leichter Nieselregen fällt und gleichzeitig die Sonne scheint. Wer sich dann mit dem Rücken zur Sonne stellt, dessen Blick fällt direkt auf einen Regenbogen.

Information
Die folgende Information können Kindergartenkinder noch nicht verstehen, doch vielleicht möchten Sie es genauer wissen? Ein Regenbogen entsteht, wenn es regnet und die Luft sehr feucht ist. Dann wird in den Wassertropfen das Sonnenlicht gebrochen, also in einzelne Farben zerlegt. Denn das Sonnenlicht ist nicht weiß, sondern setzt sich aus vielen Farben zusammen, die man normalerweise einzeln nicht sehen kann.

Die Regenbogenfarben

Das ist bekannt: Der Regenbogen hat sieben Farben. In Wirklichkeit aber reicht seine Farbenskala viel weiter. Diese sieben Farben können wir jedoch deutlich erkennen:

Regenbogen-Zauberei

Wenn die Sonne scheint, können die Kinder selbst einen Regenbogen machen. Der „Regenbogenzauberer“ stellt sich mit dem Rücken zur Sonne und sprüht mit einem Gartenschlauch Wasser in die Luft – schon erscheint in der feuchten Luft ein Regenbogen.
Etwas kleiner fällt der Regenbogen aus, wenn man mit einer Pflanzensprühflasche die Luft befeuchtet.

Regenbogen-Kugeln

In Seifenblasen schimmern alle Regenbogenfarben. Das gibt eine Aufregung, wenn die Kinder ihre „Regenbogen-Kugeln“ selber machen.

Seifenblasen-Mischung
Für 10 l Seifenlauge braucht man:
750 g Neutralseife
25 g Tapetenkleister
500 g Zucker
1 l lauwarmes Wasser

Alles gut verrühren und einen Tag stehen lassen. Dann 9 l Wasser dazugeben. Diese Seifenlauge hält sich viele Wochen. Man muß sie vor jedem Gebrauch noch einmal gut umrühren.

Ringe für die Seifenblasen
Einen dicken Draht zum Ring biegen und die überstehenden Drahtenden mit Klebeband an einem Stab befestigen. Die Drahtschlaufe mit Wollfaden oder Verbandsmull umwickeln. Denn die Seifenlauge löst sich nur von der Wolle oder dem Verbandsmull ab. Am besten basteln die Kinder große und kleine Ringe für ihre Regenbogen-Kugeln.

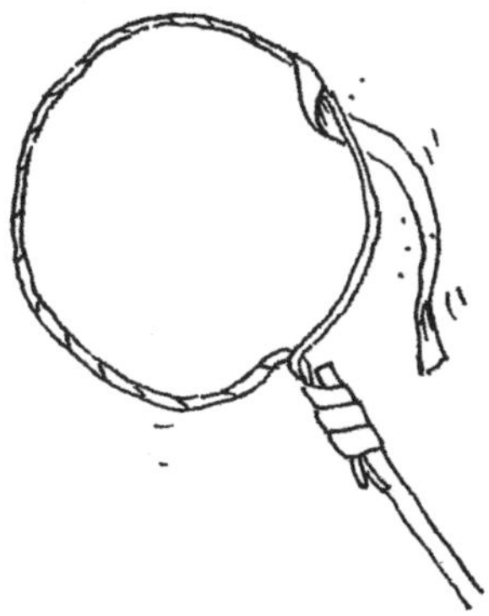

So formt man die Seifenblase
Den Ring ganz in die Seifenlauge eintauchen, vorsichtig wieder herausziehen. Jetzt ist innerhalb des Ringes die Seifenlauge wie eine dünne Haut gespannt. Dann bläst man vorsichtig hinein oder hält den Ring hoch und fährt damit durch die Luft. Dabei kommt Luft in die Seifenblase, sie wird größer und größer. Zum Schluß den Ring vorsichtig von der Seifenblase wegziehen. Jetzt schwebt eine wunderschön flimmernde, schimmernde Regenbogen-Kugel in der Luft.

Regenbogenlied

Text von Monika Ehrhardt
Melodie von Reinhard Lakomy

Regenbogentanz

Vorbereitung
Die Kinder suchen Kreppapierrollen in den sieben Farben des Regenbogens aus, also Rot, Orange, Gelb, Grün, Blau, Violett, Lila. Dann zerschneiden Sie die Kreppapierrollen in einzelne Bänder.
Jedes Kind bekommt bis zu fünf Bänder in jede Hand, jedoch nur von einer Farbe.

Der Tanz
Die Regenbogentänzer verteilen sich im Raum, und zwar so, daß jeder mit ausgestreckten Armen einen Kreis schwingen kann, ohne beim nächsten anzustoßen. – Ausprobieren.
Wenn die Kinder wollen, daß die Regenbogenfarben auch in der richtigen Reihenfolge zu sehen sind, müssen sie sich entsprechend hintereinander aufstellen.
Beim Tanzen schwingen die Kinder ihre Bänder in weiten Kreisen auf und ab, her und hin. Jeder so, wie es ihm gerade in den Sinn kommt. Es gibt keine besonderen Tanzregeln. Die Kinder können sich auch am Platz drehen.
Für diese freie Tanzform brauchen die Kinder ein wenig Zeit, bis sie sich entspannt, gelöst und frei bewegen können. Anfangs sind manche Kinder in ihren Bewegungen gehemmt. Doch wenn Sie mitten in der Tanzgruppe stehen und einfach mitmachen, dann ist das die beste Art, ohne viele Worte die Kinder zum Mitmachen aufzumuntern.

Als Tanzmusik ist jedes Stück mit langsam schwingenden Rhythmen geeignet. Natürlich können die Regenbogentänzer auch das Regenbogenlied zu ihrem Tanz singen.

Es schneit

Was für eine Aufregung ist es, wenn draußen der erste Schnee fällt!
Wirbelnde, tanzende Schneeflocken fallen wie kleine Glitzersterne vom Himmel. Die Kinder stehen am Fenster und staunen und können sich nicht satt sehen, wie der Schnee die Welt in eine weiße Märchenlandschaft verwandelt. Endlich ist der Winter da!

Schneeflocken erhaschen

Beim ersten Schnee kann man die Kinder kaum mehr zurückhalten, sie wollen hinaus und die Schneeflocken einfangen. Warum nicht?
Wer die Schneeflocken ganz genau anschauen will, der braucht ein schwarzes Kartonpapier und eine Lupe. Das Kartonpapier sollte vorher kurze Zeit in den Kühlschrank gelegt werden, damit es richtig eiskalt wird und die Schneeflocken, die darauffallen, nicht so schnell schmelzen. Dann legen die Kinder das Papier ins Freie, und mit der Lupe ausgestattet können sie die Schneeflocken genau betrachten.
Sie entdecken die wunderschönen Formen: Alle Schneeflocken sind sechseckig und jede sieht anders aus. Diese Formen nennt man Schneekristalle.

Wie werden Schneeflocken gemacht?

Schneeflocken sind gefrorene Regentropfen. Sie bilden sich bei starker Kälte bereits in den Wolken. Das geht so: Die Regentropfen werden in den Wolken ganz schnell abgekühlt, verwandeln sich in Eiskristalle und werden so schwer, daß sie sich in der Wolke nicht mehr halten können. Schließlich fallen sie als Schneeflocken zur Erde.
Wenn es sehr kalt ist, sind die Schneeflocken klein. Ist es etwas wärmer, beginnen die Schneeflocken auf ihrem Fall zur Erde bereits zu schmelzen, sie kleben zusammen und bilden dicke, große Flocken.

Aus Schnee wird Wasser

Diese Experimente zeigen den Kindern, wie sich Schnee in Wasser verwandelt:

- Einzelne Schneeflocken werden mit der Handinnenfläche aufgefangen – nach kurzer Zeit verwandeln sie sich in Wassertropfen.
- In eine Schüssel wird Schnee locker eingefüllt, in eine andere wird Schnee festgedrückt. Die Kinder bringen beide Schüsseln in den Gruppenraum und stellen sie nebeneinander auf den Tisch. Welcher Schnee schmilzt schneller?
- Ein kleiner Schneemann wird in den Kühlschrank gestellt – was passiert mit ihm?

- Zwei Teller werden ins Freie gestellt, in einen Teller gießen die Kinder etwas Wasser. Was passiert mit den Schneeflocken, wenn sie in diese Teller fallen?

Schneeflocken im Gruppenraum

Die Kinder schneiden aus weißem Papier Faltsterne aus, das sind die Schneekristalle. Jeder Faltstern wird anders aussehen, wie auch draußen in der Natur jeder Schneekristall anders aussieht. Zum Schluß werden alle Schneeflocken an dünnen Nylonfäden an die Decke gehängt. Je mehr an der Zimmerdecke wirbeln und tanzen, desto schöner sieht es aus.

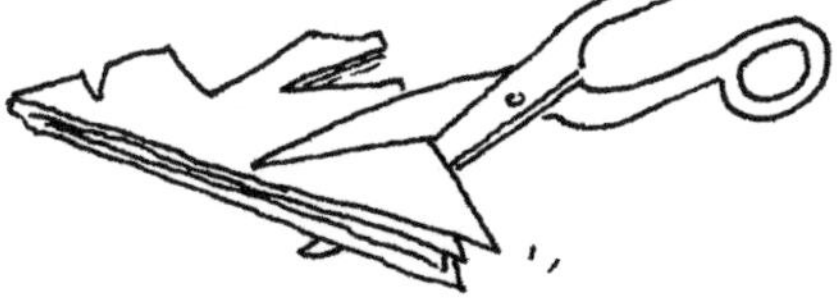

Spiele im Schnee

Spuren im Schnee

Drei Kinder gehen nebeneinander einige Schritte im frischen Schnee und hinterlassen ihre Spuren. Die andern raten, von wem welche Spur ist. Sie vergleichen die Abdrücke der Stiefelsohlen, die Schuhgröße oder die Schrittlänge.
Und wie sehen die Spuren von einem Ball, einem Puppenwagen oder einem Spielzeugauto aus? Ausprobieren!

Der Schnee-Engel

Ein Kind legt sich in den Schnee und bewegt Arme und Beine auf und ab. Dann steht es vorsichtig auf, um die Eindrücke im Schnee nicht zu verwischen – und zurück bleibt der „Schnee-Engel" mit Flügeln und einem langen, weiten Kleid.

Die Schneefamilie

Wenn es draußen tüchtig geschneit hat, dann wird es Zeit, daß die Schnee-Familie in den Kindergarten zu Besuch kommt. Nicht nur der gute alte Herr Schneemann, sondern seine ganze Familie sind dabei, also seine Schneefrau, seine Schneekinder und natürlich auch sein Schneehund und seine Schneekatze. Ob er auch ein Schneekaninchen oder eine Schneemaus mitbringt?
Auf jeden Fall gibt es jetzt für die Kinder viel zu tun.

Ein Schneehaus

Die Bauweise dieses Schneehauses ist den Eskimos abgeguckt. Die Schnee-Bausteine müssen richtig fest und hart sein und werden extra hergestellt:
In einen Eimer wird Schnee gefüllt und festgeklopft, so, wie man auch Sand im Sandeleimer festklopft. Wenn man den Eimer umdreht, rutscht der festgeklopfte Schneeklumpen ganz leicht wieder heraus. So können die Kinder ihr kleines Schneehaus mit vielen Schnee-Bausteinen aufbauen. Die Fugen werden mit Schnee ausgefüllt. Den Eingang nicht vergessen! Ob das Haus wie ein Iglu aussehen soll oder wie ein Schloß oder wie eine Abenteuerhütte, das sprechen die Schnee-Baumeister am Anfang ihrer Arbeit miteinander ab.

Farbiges Schnee-Ungeheuer

Ein Schnee-Ungeheuer hat mindestens sechs Beine, einen langen Schwanz, einen Riesenkopf und ein noch größeres Maul. Alle Kinder machen mit und formen, patschen und klatschen den Schnee und geben dem Ungeheuer seine Gestalt. Zur Überraschung der Kinder wird dieses Ungeheuer zum Schluß angemalt, genauer gesagt angesprüht. Das geht so: In eine Sprühflasche wird Wasser gefüllt, das mit Wasserfarben bunt eingefärbt wird. Mit diesem farbigen Wasser wird der Schnee des Ungeheuers angesprüht oder angespritzt.
Mit jeder neuen Wasserfüllung kann man auch eine neue Farbe nehmen.

Eis

Die Kinder haben das Wasser nun in verschiedenen Formen erfahren: als Regen, als Wasserdampf und als Schnee. Zum Schluß lernen sie das Wasser in seiner härtesten Form kennen – als Eis. Allerdings können die Kinder ihre Erfahrungen mit Eis erst in der Winterzeit machen.

Wo gibt es Eis?

Die Kinder suchen im Kindergarten und außerhalb des Hauses nach Eis. Da gibt es zum Beispiel:

Eiszapfen
Sie bilden sich, wenn Wasser in sehr kalter Luft abtropft und sofort wieder gefriert, zum Beispiel an Dachrinnen oder Straßenlaternen.

Eisblumen
Sie wachsen an den Fensterscheiben. Es ist gefrorener Wasserdampf, also Reif, der sich an den Scheiben absetzt und dort anfriert. Reif an den Fensterscheiben zeigt wunderschöne Formen, die wie Blumen oder Gräser aussehen.

Gefrorene Pfützen
Sie sind spiegelglatt, und wenn man den Schnee zur Seite schiebt, kann man durch das Eis auf den Boden der Pfütze schauen, als wäre es Glas.

Im Eisschrank
Vielleicht gibt es Eiswürfel im Kühlschrank? Die Eiswürfel sind so kalt, daß man sie nicht mit bloßen Händen anfassen sollte. Also Handschuhe anziehen. Im Tiefkühlfach kann man an den Wänden Reif sehen, der sich immer dann bildet, wenn das Fach geöffnet wird und feuchte Zimmerluft ins Kühlfach eindringt.

Spiele mit Eis und Wasser

Eine Wasserscheibe mit Loch
Dieses Experiment können die Kinder nur dann ausführen, wenn die Temperatur draußen unter Null ist. Ein Blick auf das Thermometer zeigt, wann es soweit ist.
Dann füllen die Kinder einen Eimer mit Wasser und stellen ihn ins Freie. Da das Wasser von oben nach unten gefriert, bildet sich nach einigen Stunden oben im Wassereimer eine Eisschicht. Nun schüttet man den Eimer vorsichtig aus und fängt dabei die Eisscheibe auf. Handschuhe anziehen! Wie Glas sieht die runde Eisscheibe aus. Wenn man nun mit einem Strohhalm direkt auf das Eis bläst, so taut durch den warmen Atem das Eis an dieser Stelle langsam auf, schmilzt, und ein richtiges Loch zum Durchschauen entsteht.

Nach dieser Erfahrung verstehen die Kinder, warum die Fische in einem zugefrorenen Teich überwintern können: Auch im Teich friert das Wasser von oben nach unten. Ist der Teich tief genug, bleibt unten auf dem Teichboden immer noch genügend Wasser für die Fische. Hier halten sie sich auf und können atmen. (Wie Fische atmen, siehe Seite 93 f.)

Ein Eisberg im Wasserglas
Die Kinder geben in ein Glas einen Eiswürfel und füllen es randvoll mit Wasser auf. Jetzt sehen die Kinder, wie Eis schwimmt und daß dabei nur ein kleiner Teil des Eises aus dem Wasser herausragt. Wenn das Eis im Wasser wieder schmilzt, wird dann das Wasser im Glas überlaufen? Das ist ein spannendes Experiment!

So wie der Eiswürfel im Wasserglas schwimmt, so schwimmen im Meer die riesigen Eisberge. Die Seeleute können also nur die Spitze der Eisberge sehen, doch der größere Teil liegt unter Wasser. Das ist gefährlich, denn die Schiffe können auf dieses Eis auflaufen und an den harten Spitzen und Kanten des Eisberges zerbrechen.

Eine Eiswürfelkette
Wenn man auf Eis Salz streut, dann schmilzt das Eis an dieser Stelle zu Wasser. Doch kann das Wasser gleich wieder zu Eis erstarren, wenn es ausreichend kalt ist. Das zeigt die Eiswürfelkette:
Auf einen Eiswürfel wird Salz gestreut, dann drückt man auf diese Stelle einen zweiten Eiswürfel fest, streut wieder Salz, drückt den nächsten Eiswürfel an usw. So wird Stück um Stück die Eiswürfelkette zusammengebaut.

3. Kapitel

Draußen in der Natur

Von Quellen, Tümpeln und Teichen

Quellen

Das Grundwasser kommt als Quelle wieder zum Vorschein und plätschert als kleines Bächlein weiter. Bei Sprudelquellen an Berghängen sprudelt das Wasser mit einem Druck heraus – wie beim Wasserhahn im Badezimmer – und springt über Stock und Stein weiter den Hang hinunter.

Tümpel und Weiher

Manche Quellen sind Tümpel, deren Rand mit Wasserpflanzen dicht bewachsen ist. Dort leben viele kleine Wassertiere. Wenn der Tümpel sehr groß ist, sagt man dazu Weiher.

Teich

Im Teich ist das Wasser nicht sehr tief, und das Sonnenlicht kann bis auf den Grund dringen. Ein Teich hat oft einen künstlichen Abfluß, so daß man ihn trocken legen kann.

Ein Biotop im Kindergarten?

Diese Frage ist umstritten und wird in den Kindergarten-Richtlinien der Bundesländer unterschiedlich beantwortet.

Argumente dafür:
Die Kinder erleben mit dem Biotop ein Stück Natur, das sie täglich beobachten können. Sie sehen Pflanzen wachsen und können kleine Tiere betrachten, die sie vorher gar nicht beachtet haben. Diese Anteilnahme am Leben der Natur ist der Anfang eines wichtigen Verhaltens: Aktiver Naturschutz!

Argument dagegen:
Ein künstlicher Teich muß mindestens 60 bis 80 cm tief sein, das ist gefährlich; kleine Kinder könnten in diesem Teich ertrinken.

Schutzvorkehrungen

- Man gräbt nur eine Seite des Teiches in dieser Tiefe aus und errichtet an dieser Stelle einen Schutzzaun.
- Ein Balken wird bei der tieferen Stelle des Teiches befestigt, so daß sich ein Kind daran festhalten kann.
- Quer im Teich bringt man einen Maschendraht an; dieser trennt die tiefe Stelle von der flacheren.
- Oder man spannt über die tiefe Stelle einen Maschendraht, so daß Pflanzen durchwachsen, Tiere durchschlüpfen, aber die Kinder nicht hineinfallen können.

Und daß so ein Teich nicht zum Schwimmen ist und man auch nicht mit Schaufeln oder Stangen darin herumstochert, das verstehen die Kinder, wenn sie mehr über die Lebewesen im Teich erfahren.

Ein Biotop anlegen

Einen kleinen Teich kann man in jedem Garten anlegen, 1 qm Grundfläche reicht bereits aus, doch besser sind 5 bis 8 qm. Wenn in dem Teich Fische überwintern sollen, dann muß er 60 bis 80 cm tief sein. Die Grube für den Teich muß man 10 cm tiefer ausheben. Diese Vertiefung wird mit einer etwa 10 cm dicken Sandschicht „ausgepolstert“, dann erst verlegt man die Teichfolie.
Die Ufer des Teiches müssen flach auslaufen, damit die Tiere gut ins Wasser und ebenso wieder herauskommen können. Die Folienränder werden mit Steinen beschwert und mit Erde abgedeckt.
Auf den Teichboden füllt man eine dünne Schicht Sand und darauf eine Schicht Feinkies.

TIP: So eine Ausgrabung braucht Zeit und Kraft. Viel einfacher und lustiger ist es, diese Arbeit an eine Elterngruppe zu delegieren und daraus ein kleines Gartenfest zu machen. Klar, daß die Kinder dabei sind und auch helfen!

Die Pflanzen

Sie können die Pflanzen – in Maßen – aus der Natur holen, zum Beispiel Dotterblumen, Gilbweiderich, Blutweiderich, Laichkraut, Pfeilkraut oder Froschbiß. Wenn Sie es vorziehen, die Pflanzen zu kaufen, dann sind noch Wildarten wie Schwertlilien und Teichrosen zu empfehlen.

Die Tiere

Tiere finden sich von selbst ein. Da krabbeln, schwimmen, kriechen oder fliegen die interessantesten Insekten, zum Beispiel der Rückenschwimmer – er schwimmt wirklich auf dem Rücken – oder der Wasserläufer, der so leicht ist, daß er auf der Wasseroberfläche laufen kann, oder die Libellen, die mit ihren schillernden Flügeln wie Insekten aus dem Märchenland aussehen.

Wenn sie die Sorge haben, daß vom Teich viele Stechfliegen angelockt und für die Kinder zur Plage werden, dann setzen Sie Moderlieschen in den Teich. Diese kleinen, unscheinbar aussehenden Fischchen leben auch in unseren natürlichen Gewässern. Sie fressen die Fliegenlarven, bevor diese ausschlüpfen. Ausgewachsene Moderlieschen muß man nicht füttern, und sie können unter der Eisdecke des Teiches sogar überwintern.

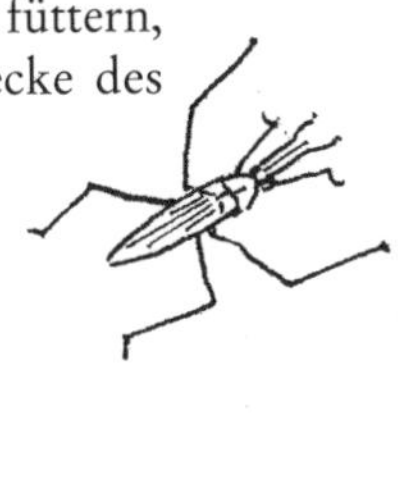

Ein Frosch ist da!

Eines Tages wird ein Frosch oder eine Kröte im Teich zu Gast sein, dann ist die Begeisterung der Kinder groß. Oder sie sammeln im Frühjahr aus dem Teich eines privaten Gartens Froschlaich ein und setzen die Eier in den kleinen Teich im Kindergarten.

Das Froschaquarium

Frösche kann man in einem Glas oder Aquarium „aufziehen". Dabei ist wichtig, daß ausreichend viele Wasserpflanzen und klares Teichwasser im Behälter sind. Zusätzlich werden mit Algen bewachsene Schilfstengel in das Glas gestellt. Auch Steine müssen im Wasser sein und so aufgetürmt werden, daß sie über den Wasserspiegel hinausragen. Diesen Platz brauchen die kleinen Frösche, wenn sie sich in Landtiere verwandelt haben.

Die Verwandlung der Kaulquappen

Die Metarmorphose des Frosches gleicht einem Wunder. In drei Monaten verwandelt sich eine Kaulquappe in einen Frosch. Die Kinder können diese Entwicklung täglich beobachten. Wenn sie so ein Naturwunder einmal erlebt und gesehen haben, werden sie mehr Achtung vor diesen kleinen Lebewesen haben und sie schützen wollen.

Das können die Kinder beobachten

Aus den Eiern schlüpfen winzige Kaulquappen. Diese sind kaum größer als 2 mm und haben weder Augen noch Maul. Nach ein paar Tagen wachsen die Kiemen, gleichzeitig die Augen und ein kleines Maul. Jetzt können die Kaulquappen mit ihren Hornzähnchen Algen abknabbern und fressen.
Nach einiger Zeit wachsen die Kiemen nach innen und die Hinterbeine bilden sich aus. Etwas später wachsen auch die Vorderbeine, und der Schwanz bildet sich langsam zurück.
Wenn die Kaulquappen in einem Glas gehalten sind, dann ist es jetzt Zeit, sie in ein Aquarium mit niedrigem Wasserstand umzuquartieren. Auch hier sollten wieder Steine aus dem Wasser herausragen.
Allmählich verwandelt sich der kleine Frosch immer mehr in seine richtige Gestalt als Landtier. Sind die Frösche ausgewachsen, muß man sie mit Mückenlarven und Wasserflöhen füttern.

Wie die Frösche quaken

Es heißt, daß Frösche quaken. Wer aber aufmerksam zuhört, der wird für die Sprache der Frösche andere Lautmalereien hören.

Der Wasserfrosch
Er bringt eher ein „moarks- moarks“ hervor, dem ein länger anhaltendes „brecke-brecke-brecke“ folgt.

Der Laubfrosch
Das Quaken des Laubfrosches ist ein durchdringendes, lautets „äpp-äpp-äpp“.

Der Grasfrosch
Den Grasfrosch hört man fast gar nicht, sein Gesang ist so etwas wie ein leises Gurren.

Wie kommt es, daß ein kleiner Frosch so laut quaken kann?
Der Frosch quakt nicht mit seinem Froschmaul, sondern mit seiner Schallblase. Dabei stößt er die Luft durch seine Nasenlöcher aus. Die Schallblase sitzt beim Wasserfrosch auf beiden Seiten neben dem Maul, beim Laubfrosch und Grasfrosch unter dem Maul, also an der Kehle. Diese Blase verstärkt den quakenden Ton.
Diesen Vorgang kann man den Kindern mit einem Luftballon veranschaulichen: Wenn man einen aufgeblasenen Luftballon mit den Fingern sanft ziept, gibt es einen ziemlich lauten Ton, denn der Luftballon wirkt auch wie eine Schallblase.

Naturschutz

Laubfrösche gehören inzwischen zu den Tieren, die vom Aussterben bedroht sind. Jetzt können Sie den Kindern zeigen, was es heißt, die Natur zu schützen und sich um die bedrohten Lebewesen zu kümmern: Bringen Sie die noch nicht ausgewachsenen Frösche in den Teich zurück!

Ein Frosch sprach zu dem andern

Aus: Dorothée Kreusch-Jacob,
Ich schenk dir einen Regenbogen,
Patmos Verlag, Düsseldorf 1993

Melodie und Text von Dorothée Kreusch-Jacob

Ein Frosch sprach zu dem anderen:
„Wir woll'n zum Wasser wandern,
dort ist es kühl und naß,
da macht das Hüpfen Spaß!“

Ein Storch sprach zu dem andern:
„Wir wolln zum Wasser wandern,
dort ist es kühl und naß,
da macht das Stelzen Spaß!“

Ein Sumpfhuhn sprach zum andern:
„Wir wolln zum Wasser wandern,
dort ist es kühl und naß,
da macht das Tauchen Spaß!“

'ne Ente sprach zur andern:
„Wir wolln zum Wasser wandern,
dort ist es kühl und naß,
da macht das Watscheln Spaß!“

Ein Schwan sprach zu dem andern:
„Wir wolln zum Wasser wandern,
dort ist es kühl und naß,
da macht das Schwimmen Spaß!“

Ein . . . sprach zum andern:
„Wir wolln zum Wasser wandern,
dort ist es kühl und naß,
da macht das . . . Spaß!“

Spielanleitung

Die Kinder singen das Lied und spielen gleichzeitig pantomimisch mit: Sie hüpfen wie Frösche, watscheln wie Enten, stolzieren wie Störche und erfinden und spielen noch viele neue Strophen.

Vögel am Wasser

Es wollen noch mehr Vögel zum Wasser wandern, zum Beispiel der Haubentaucher oder die Graugans.
Sie können den Kindern mehr von diesen Wasservögeln erzählen:

Haubentaucher
Sie heißen so, weil sie oben am Kopf zwei Federbüschel tragen, die sie aufstellen können. Der Haubentaucher baut sein Nest im Schilfrohr. Es ähnelt einem kleinen Schilffloß und liegt auf dem Wasser auf. Kaum sind die Jungen ausgeschlüpft, können sie schon schwimmen. Doch zum Ausruhen schlüpfen sie bei ihren Eltern unter die Rückenfedern. Dort ist es schön warm. Ein Haubentaucher kann blitzschnell untertauchen, bis zu 7 m tief, und sogar 3 Minuten unter Wasser bleiben.

Bleßhühner
Es sind gar keine Hühner, sondern Wasservögel, die natürlich auch schwimmen können. Sie bauen ihr Nest im Schilf über dem Wasser. Wie eine Hängematte sieht es aus. Für die Küken baut die Bleßhuhnmutter sogar einen kleinen Steg, der bis ins Wasser reicht. Bleßhühner leben in Großfamilien und verjagen gemeinsam ihre Feinde. Sie können eine halbe Minute unter Wasser sein und bis zu 3 m tief tauchen.

Graureiher
Die Graureiher haben ein graues Gefieder und einen leuchtend gelben Schnabel. Sie bauen ihre Nester auf hohen Bäumen, manchmal auch im Schilf. Ihre Nahrung suchen sie an flachen Ufern. Dort schreiten sie langsam durch das flache Wasser, den langen Hals nach vorn gestreckt, und schauen aufmerksam auf den Grund. Sobald sich dort etwas bewegt, stoßen sie blitzschnell mit ihrem langen Schnabel nach der Beute.

Graugänse
Das Federkleid der Graugänse ist silbergrau, die Schnäbel hingegen leuchtend orangefarben. Graugänse fressen nur Blätter, Beeren und Kräuter. Das Weibchen sucht im Schilf den Nistplatz aus. Das Nest ist schön groß und wird aus Stengeln, Blättern, Schilf und Wasserpflanzen gebaut. Während das Weibchen die Eier ausbrütet, hält das Männchen Wache und verjagt jeden, der sich dem Nest nähert.

Es gibt noch andere Gänsearten, die so spannende Namen haben wie Schneegans, Nonnengans, Ringelgans, Rostgans oder Kurzschnabelgans.

Alle meine Entchen . . . und was die Kinder beobachten können

Die Enten

. . . können gut schwimmen. Sie sind dafür bestens ausgestattet. Sie haben zwischen den Zehen Schwimmhäute. Wie Paddel bewegen sie ihre Füße im Wasser. Hätte die Ente keine Schwimmhäute, dann würde sie im Wasser kaum vorankommen.

Beobachtung
Die Kinder bewegen ihre Hand mit gespreizten Fingern im Wasser. Sie sehen, daß sich dabei das Wasser kaum bewegt. Dann schließen sie die Finger dicht zusammen und bewegen wieder das Wasser. Was ist anders? Die Kinder werden spüren, daß die Handbewegung im Wasser anstrengender ist. Gleichzeitig beobachten sie, wie sich das Wasser heftiger bewegt und stärkere Wellen schlägt. Das Wasser wird richtig weggeschoben.

Die Enten

. . . fetten ihre Federn ein. Deshalb sind sie gegen Wasser gut geschützt und können sich dort stundenlang aufhalten. Wer Enten beobachtet, wird sehen, daß sie sich immer wieder mit dem Schnabel putzen und ihr Gefieder ordnen. In Wirklichkeit pressen die Enten mit dem Schnabel aus ihrer Bürzeldrüse, die hinten über dem Schwanz liegt, Fett aus und verteilen dieses mit dem Schnabel auf ihren Federn.

Beobachtung
Die Kinder halten eine Entenfeder unter Wasser und sehen, daß die Wassertropfen wie Perlen abfließen.

Die Enten

. . . haben unter diesen wasserabstoßenden Deckfedern feine Daunenfedern, die schön warm halten.

Beobachtung
Mit diesen flauschigen Daunenfedern sind die weichen, warmen Kuscheldecken gefüllt. Bringen Sie ein Kissen mit und lassen die Kinder am eigenen Körper spüren, wie herrlich warm es unter diesen Daunenfedern ist.

Die Enten

... haben zwischen den Daunenfedern Luft. Diese Luft kann durch die Deckfedern nicht entweichen. Die Ente schwimmt also auf einem Luftkissen, geschützt vor Wasser und Kälte.

Beobachtung
Die meisten Kinder besitzen aufblasbare Schwimmflügel oder einen Schwimmring. Da verstehen sie, was es heißt, auf einem Luftkissen zu schwimmen. Denn der Schwimmring trägt einen erst dann, wenn er mit Luft aufgeblasen ist.

Die Entenmutter

... baut ihr Nest in Büsche, manchmal sogar auf Bäume oder flache Hausdächer. Eine Ente kann bis zu 12 Küken ausbrüten. Sobald die Kleinen aus ihrem Ei geschlüpft sind, verläßt die ganze Entenfamilie das Nest und watschelt zum Wasser. Wenn die Küken dabei vom Hausdach oder Baum springen müssen, machen sie das sehr geschickt, ohne sich zu verletzen. Beim Wasser angekommen, springen sie sofort hinein und können schwimmen. Doch bis die kleinen Entchen auch fliegen können, dauert es etwa zwei Monate. Dann erst sind ihre Flügel ausreichend groß und kräftig geworden.

Die Enten

... quaken so laut, daß man sie von weitem hören kann. Manche Namen der Enten verraten etwas über ihr Quaken, zum Beispiel:

Die Schnatterente
Sie ruft mit einem schnatternden „räck-räck".

Die Pfeifenente
Sie gibt ein pfeifendes „huitu-huitu" von sich.

Die Krickente
Bei der Krickente ruft das Männchen ein helles „ krück-krück" aus.

Die Knäkente
Bei der Knäkente ist es das Weibchen, dessen Quaken sich wie ein „knäck-knäck" anhört.

Am Bach

Jeder Bach hat sein eigenes, besonderes Aussehen, keiner gleicht dem andern.

Gebirgsbach

Ein Gebirgsbach springt über Felsen und Steine, reißt Geröll mit, gräbt sich in Felsspalten ein oder fällt über Klippen ins Tal.

Wiesenbach

Ein Wiesenbach schlängelt sich glucksend durch Wiesen, Felder und Auen, schwemmt Erde von den Ufern mit und schiebt ein paar Steine vor sich her.

Waldbach

Ein Waldbach hat andere Hindernisse. Er hüpft über Wurzeln, wird von Ästen aufgehalten oder muß sich unter querliegenden Baumstämmen durchzwängen. Er fängt herabfallende Blätter auf und nimmt kleine Zweige mit.

Alle Bäche haben eines gemeinsam: Sie werden immer größer, und immer mehr Lebewesen halten sich dort auf. Da siedeln sich im Wasser und am Ufer Pflanzen an, lassen sich kleine Lebewesen im Wasser treiben, schwimmen Fische, tummeln sich Käfer, und über dem Wasser tanzen Libellen und schwirren Mücken.

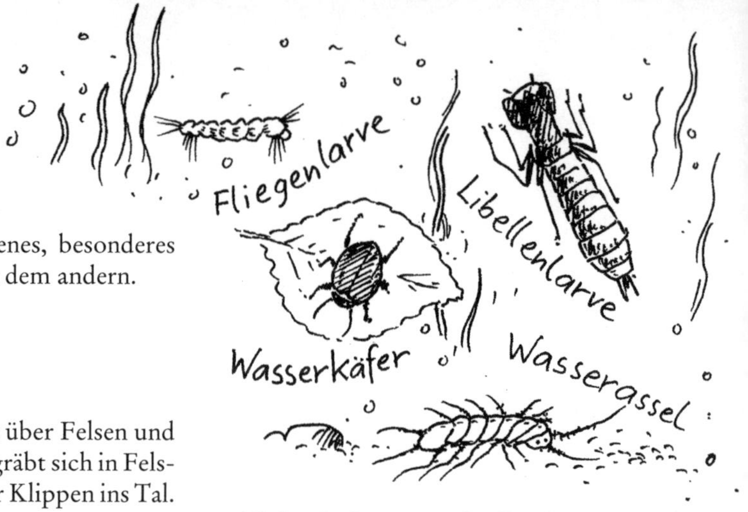

Kleine Lebewesen im Bachwasser

Man sieht sie kaum, diese winzig kleinen Tierchen. Die meisten sind nur einige Millimeter groß und sehen braun oder grau aus. Doch wer aufmerksam das Wasser beobachtet, der kann Wasserkäfer, Flohkrebse, Schlammrohrwürmer, Wasserasseln, Egel oder Larven von Libellen und Fliegen sehen. Diese Lebewesen halten sich zwischen Wasserpflanzen auf, graben sich im Schlamm oder Sand ein, verstecken sich unter Steinen oder lassen sich mit der Strömung des Bachwassers treiben. Alle, auch die kleinsten Tierchen, atmen im Wasser. Dafür brauchen sie die Wasserpflanzen, die den nötigen Sauerstoff über die Blätter an das Wasser abgeben.

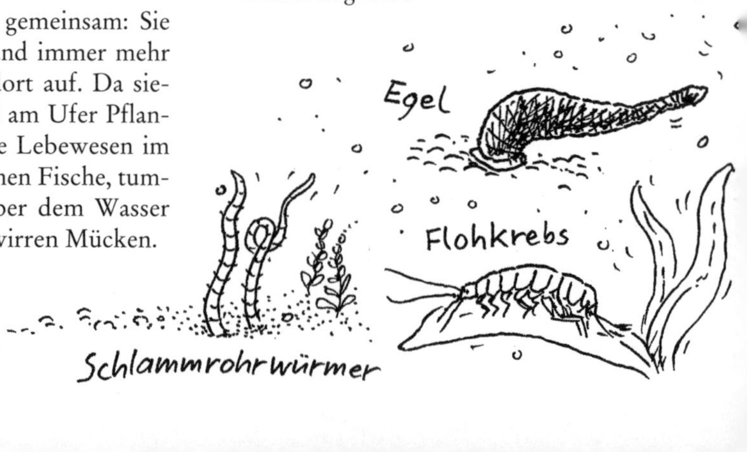

Eine Wasserwelt im Gurkenglas

Nehmen Sie ein schönes, großes Gurkenglas, und die Kinder füllen auf den Boden Sand, Schlamm und ein paar Steine. Dann gießen sie Bach- oder Regenwasser hinein. Das geht am besten, wenn über die Sandschicht Zeitungspapier gelegt und dann erst das Wasser eingefüllt wird. Auf diese Weise wird der Sand nicht so stark aufgewirbelt. Danach das Papier wieder herausnehmen.
Jetzt können die Kinder eine Wasserpflanze in den Sand setzen und die Wurzeln vorsichtig mit einem Stein etwas beschweren, damit die Pflanze einen guten Halt bekommt und schneller anwachsen kann. Zum Schluß setzen Sie eine Wasserschnecke in die kleine Wasserwelt. Das Wasserglas sollte an einem hellen Ort stehen, doch darf die Sonne nicht direkt darauf scheinen.

Und was passiert jetzt?

Die Wasserpflanze und die Wasserschnecke kommen gut miteinander aus, sie sind sogar aufeinander angewiesen. Die Pflanze gibt der Schnecke Sauerstoff zum Atmen, und das, was die Schnecke ausatmet, braucht wieder die Pflanze zum Leben. Die Schnecke ernährt sich von den Pflanzenblättern und von Algen. Was die Schnecke wieder ausscheidet, nimmt die Pflanze als Nährstoff mit ihren Wurzeln auf. So funktioniert der kleine Lebenskreislauf im Wasser.

Bach-Musik

Das Plätschern, Glucksen und Gluckern, Gurgeln und Murmeln des Baches ist ein schönes, beruhigendes Geräusch, fast eine Musik.
Allerdings hört man diese Bach-Musik nur dann, wenn es rundum still ist, kein Menschenlärm, kein Autolärm, kein Fabriklärm. Wissen Sie so eine Stelle in der Natur? Können Sie mit den Kindern dort hingehen?
Eine Bach-Musik können Sie auch auf Kassette aufnehmen – und später den Kindern im Kindergarten vorspielen. Beim Anhören dieser Kassette sitzen oder liegen die Kinder entspannt auf dem Boden und lauschen still mit geschlossenen Augen.

TIP: Es gibt eine Hörkassette mit dem Naturgeräusch eines plätschernden Baches, zusammen mit einer ruhigen, schönen Musik: „Waldlichtung im Sommer“, aus der Serie „Nature Sounds III“, ISBN 3-478-06020-6.

Eine Patenschaft für ein Stück Bach

Lassen Sie die Kinder für ein Stück Natur sorgen! So lernen sie auf spielerische Weise verantwortungsbewußtes Verhalten gegenüber der Natur. Das ist aktiver Umweltschutz.

Es ist gleich, ob es ein Wald- oder Wiesenbach ist, oder der kleine Bach, der an der Allee entlang fließt oder durch den nahegelegenen Park plätschert. Wichtig ist nur, daß die Kinder mehrmals im Monat zu „ihrem“ Bach kommen können. Vielleicht nimmt auch eine Elterngruppe an dieser Aktion „Patenschaft für den Bach“ teil?

Die rechtliche Situation

Zuerst muß die rechtliche Situation geklärt werden:

- Wer ist der Besitzer des Baches?
- Erlaubt der Eigentümer, daß man sein Gelände betritt?
- Welche Arbeiten dürfen die Kinder verrichten?

Diese Fragen kann man mit der Gemeinde- oder Stadtverwaltung besprechen.

Das ist unser Bach

Die erste Exkursion beginnt. Die Kinder schauen den Bach, sein Wasser und die nähere Umgebung genauer an:

- das Wasser
- das Ufer
- die Wasserpflanzen
- die Pflanzen am Ufergelände
- die Tiere im Wasser
- die Tiere der nächsten Umgebung

Naturschutz lernen

So lernen die Kinder, mit ihrer Umwelt sorgsam umzugehen: Sie gehen vorsichtig am Bachufer entlang und achten darauf, daß sie keine Pflanzen zertreten. Sie schauen das Wasser an, waten langsam und vorsichtig mit Gummistiefeln am Ufer entlang und achten darauf, daß sie das Bachbett nicht aufwühlen.

Der erste Bericht

Im Kindergarten „malen“ die Bachpaten ihren ersten Bericht in ein extra dafür angelegtes „Arbeitsheft“. Jeder malt das, was er gesehen hat und was für ihn am wichtigsten war.
Wenn Sie gerne fotografieren, dann legen Sie doch ein extra Album an mit Fotos von der Arbeit am Bach. Dieses „Buch“ wird bald das Lieblingsbuch der Kinder werden.

Die Pflege des Baches

Müll beseitigen
Zuerst wird der Bach von allem gesäubert, was nicht dazugehört. Die Kinder werden entsetzt darüber sein, was die Leute alles in den Bach geworfen haben. Die Kinder sammeln alles in einen großen Müllbeutel. Wer sich vor dem Müll ekelt, der kann Gummihandschuhe anziehen.

Zweige als Hindernisse
Zweige oder Äste, die quer im Bachbett liegen oder zwischen Steinen eingeklemmt sind, hemmen den Wasserlauf. Die Kinder ziehen sie vorsichtig heraus.

Wasserpflanzen beobachten
Wenn die Wasserpflanzen im Bach zu sehr wuchern, kann der Bach nicht mehr gut weiterfließen, und das Bachbett versumpft langsam. Ist das der Fall, sollten die Kinder einen Teil der Pflanzen vorsichtig entfernen. Aber aufgepaßt, nicht einfach wild herausreißen!

Büsche anpflanzen
Es kann sinnvoll sein, am Ufer des Baches weitere Büsche oder Bäume anzupflanzen. Sie nehmen den Wasserpflanzen Licht, so daß diese nicht so stark wuchern. Gleichzeitig schützen diese Pflanzen das Ufer vor Abschwemmungen, weil die Erde zwischen den Wurzeln besser hält. Und natürlich geben diese Büsche den Tieren am Bachufer neuen Lebensraum, zum Beispiel den Vögeln, den Mäusen oder den kleinen Salamandern.

TIP: Wenn Sie mit den Kindern das Bachufer bepflanzen wollen, dann sollten Sie einen Fachmann zu Rate ziehen.
Auskunft geben die Naturschutzverbände, zum Beispiel der „Bund Umwelt und Naturschutz e. V.“, Köln.
Und nicht vergessen: Vor der Bepflanzung eine Genehmigung beim Besitzer des Baches einholen.

Am Fluß

Ein Fluß ist groß, breit und so tief, daß Schiffe darauf fahren können. Auf seiner Reise durch das Land nimmt er immer mehr Wasser auf und wird immer größer. Viele Bäche münden in den Fluß. Ein Fluß schleppt Steine und Sand mit sich (siehe „Sand“, Seite 104 f., und „Kieselsteine“, Seite 106 f.). Der Graben, in dem das Flußwasser fließt, heißt Flußbett. Je steiler das Flußbett abwärts führt, desto schneller fließt das Wasser.

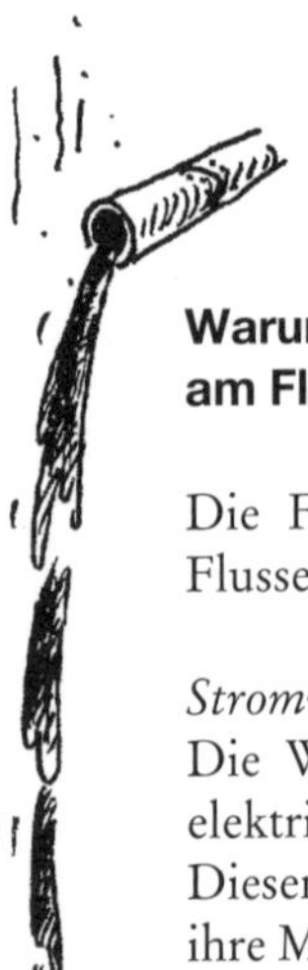

Warum stehen viele Fabriken am Fluß?

Die Fabriken können das Wasser des Flusses gut gebrauchen:

Stromversorgung
Die Wasserkraft eines Flusses kann in elektrischen Strom umgewandelt werden. Diesen Strom brauchen die Fabriken für ihre Maschinen.

Wasserstraße
Mit Schiffen und Lastkähnen können die Waren zur Fabrik gebracht und wieder abgeholt werden. Der Fluß ist für die Fabrik eine nützliche „Wasserstraße“.

Abwasserversorgung
Die Fabriken leiten ihre Abwässer in den Fluß. Der Dreck vermengt sich mit dem Flußwasser, wird vom Fluß einige Kilometer weitergeschleppt und lagert sich schließlich im Flußbett ab. Manchmal aber wird der Dreck bis ins Meer mitgeschleppt.
Leider lassen viele Fabriken auch Gifte in das Flußwasser ab. Das ist für die Tiere im Wasser lebensgefährlich, viele sterben. In manchen Flüssen gibt es heute keine Tiere und keine Wasserpflanzen mehr.

Wasserschutz
Es gibt Organisationen und Verbände, die sich um diese Wasserverschmutzung kümmern. Bekannte Organisationen sind „Greenpeace“ und der „Bund für Umwelt- und Naturschutz“ (B.U.N.D.). Diese Leute prüfen, wie stark das Wasser verschmutzt wird, berichten von ihren Beobachtungen und bemühen sich um den Schutz des Wassers.

Eine Reise auf dem Fluß

Das Wasser des Flusses hat einen langen Weg vor sich, bevor es in das Meer mündet. Wer den Fluß bei dieser Reise begleiten möchte, der wird viel sehen und erleben: im Wasser die Fische, am Ufer die Tiere und Menschen, über dem Wasser die Vögel, auf dem Wasser die Boote, Schiffe und Dampfer, in der Ferne eine sich ständig wechselnde Landschaft mit Wäldern, Wiesen, Hügeln und Bergen, mit Dörfern und Städten, und am Ende sieht man eine große Hafenanlage an der Flußmündung ins Meer.

Diese Reise will die kleine Julia antreten. Julia ist . . .
Nun, da müssen Sie jetzt ihre Kinder fragen: Ist sie das kleine Mädchen, oder die kleine Möwe oder der kleine Fisch? Und was Julia unterwegs sieht und hört und welche Abenteuer sie erlebt, das denken sich die Kinder gemeinsam aus.

TIP: Der Komponist Friedrich Smetana hat in seinem Musikstück „Die Moldau" die Reise der Moldau recht phantasievoll mit Musik dargestellt. Eine empfehlenswerte Musik-Cassette.

Papier–Theaterspiel

Diese Geschichte der kleinen Julia kann als Papiertheater gespielt werden. Alle wichtigen Bilder und Szenen, die in dieser Geschichte vorkommen, werden einzeln auf Papierkarton gezeichnet und ausgeschnitten, also Tiere, Bäume, Vögel, Fische, Häuser, Schiffe, Berge . . .

Die Aufführung
Die Kinder sitzen im Kreis und halten ihre gebastelten Papierbilder in der Hand. Sie sitzen nach der Reihenfolge ihres Auftritts. Sie erzählen von der Reise der kleinen Julia, und die Kinder halten je nach Inhalt der Geschichte die dazu passenden Bildmotive hoch.
Die Geschichte darf nicht zu lang sein und sollte einen einfachen Inhalt haben, so daß die Kinder auch selbst die Geschichte erzählen können.

Auf dem Fluß
Eine Mitspiel-Geschichte

Die Kinder rücken eng zusammen, denn gleich geht es mit dem Flußdampfer los.

Erzählung
Ein Matrose löst das dicke Tau am Ufer. Der Schiffsmotor beginnt zu tuckern, es riecht nach Öl und Benzin. Langsam setzt sich der kleine Dampfer in Bewegung. Er schaukelt ein wenig.
Spiel
Das Pantomimespiel beginnt: Die Kinder bewegen sich so, als würden sie mit dem Schiff auf den Wellen schaukeln.

Erzählung
Möwen heben vom Ufer ab, segeln schreiend hinter dem Dampfer her und halten nach Futter Ausschau.
Spiel
Die Kinder werfen den Möwen kleine Brotstückchen zu.

Erzählung
Der Dampfer fährt weiter. Dort am Flußufer stehen Kinder, sie winken uns.
Spiel
Wir winken ihnen zurück.

Erzählung
Der Dampfer fährt weiter. Wir sehen eine kleine Stadt mit Häusern, einer Kirche, vielen Autos ...
Wir nehmen unser Fernrohr, um alles genauer sehen zu können.
Spiel
Die Kinder schauen durch kleine Pappröhren, das sind die Fernrohre. Oder sie halten ihre Hände wie ein Fernglas und schauen durch. Sie berichten, was sie von der kleinen Stadt sehen können.

Erzählung
Der Dampfer fährt weiter, vorbei an einer Sumpfwiese. Dort leben viele Tiere. Wenn wir ruhig sitzen bleiben, erschrecken sie nicht, und wir können die Tiere sehen.
Spiel
Jetzt müssen alle Kinder ganz ruhig sitzen und dürfen nur flüstern. Wer erzählt den anderen, was er sieht?

Erzählung
Der Dampfer fährt weiter, vorbei an Wäldern, Feldern und Wiesen. Am Ufer sitzt ein Angler. Da bekommen wir Hunger und packen unsere Picknickkörbe aus.
Spiel
Die Kinder spielen pantomimisch, was sie essen und trinken. Natürlich werden die Butterbrotpapiere und die Trinkflaschen wieder in den Korb zurückgelegt.

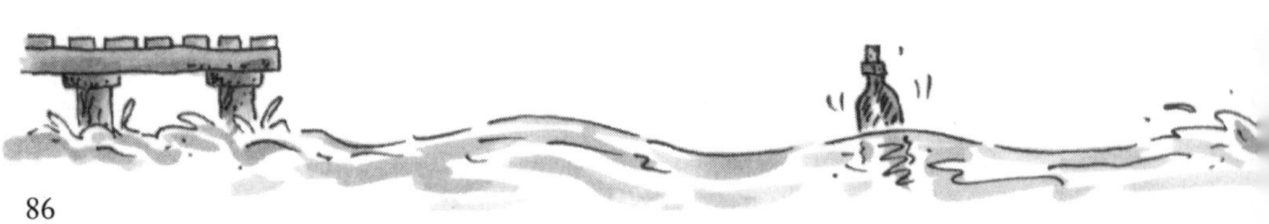

Erzählung
Der Dampfer fährt weiter, vorbei an einer großen Stadt. Dort steht am Ufer eine Fabrik. Wir wollen prüfen, ob das Wasser hier sauber oder verschmutzt ist.
Spiel
Die Kinder schöpfen Wasser, schauen es an, riechen daran, halten es gegen das Licht und urteilen selbst, welche Wasserqualität das Flußwasser hat.

Erzählung
Der Dampfer fährt weiter, vorbei an einer Großstadt mit einem Hafen. Dort ist reges Treiben zu sehen, Lastkähne werden beladen, Lastwagen fahren hupend heran ... Wer erkennt, was in die Kähne geladen wird und wohin die Schiffe fahren?
Spiel
Die Kinder phantasieren und erzählen, was sie sehen können.

Erzählung
Der Dampfer fährt weiter und steuert am Ende des Hafens einen Landesteg an. Dort ist unsere Endstation.
Wir sind vom langen Sitzen müde geworden, deshalb strecken wir uns und schütteln Arme und Beine. Dann nehmen wir unseren Picknickkorb und gehen hintereinander auf einem schmalen Steg von Bord. Wir winken noch einmal dem Kapitän zu, der uns mit seiner Schiffsglocke zum Abschied grüßt.
Spiel
Die Kinder spielen pantomimisch den Schluß der Geschichte.

Warum können Schiffe schwimmen?

Die Antwort auf diese Frage finden die Kinder mit folgenden Experimenten selbst heraus.

Schwimm-Test

In einer großen Plastikwanne probieren die Kinder aus, was auf dem Wasser schwimmt und was untergeht. Legen Sie anfangs verschiedene Gegenstände für dieses Experiment bereit, zum Beispiel:

- Holzlöffel
- Kieselstein
- Korken
- Bauklotz
- Schlüssel
- Apfel

Test-Ergebnis
Klar, daß die Kinder noch andere Sachen testen wollen.
Legen Sie zwei große Papierbögen aus, und die Kinder zeichnen auf den einen Bogen die Gegenstände, die schwimmen können, und auf den anderen die Gegenstände, die im Wasser untergehen.

Aus einer Knetekugel wird ein Boot

Eine Knetekugel versinkt im Wasser. Sie ist zu schwer. Doch was passiert, wenn die Kinder aus der Knete ein kleines Boot formen und dieses auf das Wasser setzen? Es schwimmt! Man kann das Boot sogar mit Murmeln beladen. Die Kinder probieren aus, wie viele Murmeln in das Boot gelegt werden können, ohne daß es untergeht.
So ist es auch bei einem großen Schiff! Weil dieses so breit und innen hohl ist, kann es Schiffsgut aufnehmen.

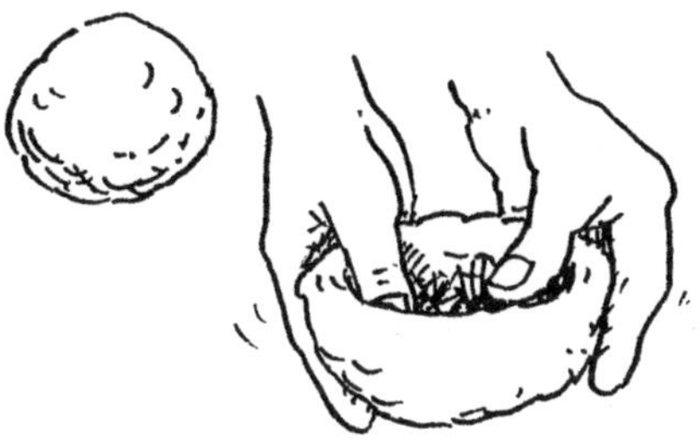

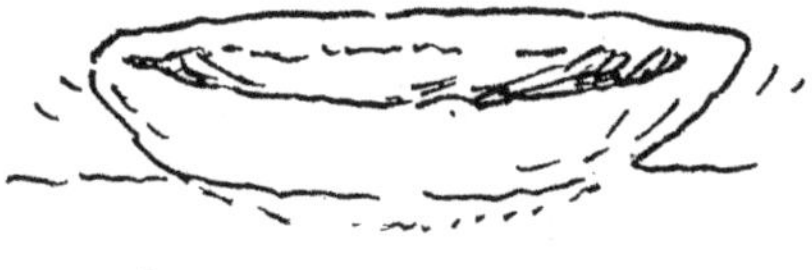

Anmerkung
Wenn Sie es ganz genau wissen wollen, hier die physikalische Erklärung: Ob ein Gegenstand schwimmen kann, das kommt nicht nur auf das Gewicht eines Gegenstandes an, genauer gesagt auf die Dichte, sondern auch auf die Form, denn diese bestimmt die Wasserverdrängung. Diese Erklärung ist allerdings für die Kinder zu schwierig.

Eine U-Boot-Flasche

U-Boot ist die Abkürzung für Unterseeboot. Ein U-Boot kann auf und unter Wasser schwimmen. Wie das möglich ist, finden die Kinder mit einer verschließbaren Flasche heraus: Eine leere Flasche wird mit dem Deckel „wasserdicht“ verschlossen und ins Wasser gelegt. Sie schwimmt. Dann füllen die Kinder nach und nach Wasser in die Flasche und testen, ob die Flasche immer noch schwimmt. Erst, wenn die Flasche ausreichend schwer geworden ist, sinkt sie unter Wasser.
So ist es auch beim U-Boot: Die Matrosen füllen in besondere Tanks Meerwasser ein, damit das Boot schwer wird und untertauchen kann. Wenn das Boot wieder auftauchen soll, dann pressen Maschinen das Wasser wieder aus den Tanks heraus und füllen Druckluft ein. Das U-Boot wird leichter und steigt hoch.

Boote und Schiffe

Ein Floß

Als die Menschen noch nicht wußten, wie man Boote oder Schiffe baut, setzten sie sich einfach auf Baumstämme und ruderten mit Händen und Füßen, um vorwärts zu kommen. Dann entdeckten sie, daß es viel einfacher ist, wenn man ein paar Stämme zusammenbindet. Jetzt können mehrere Personen mitfahren und sogar Gepäckstücke aufgeladen werden. Das Floß ist erfunden.

Wollen die Kinder auch so ein Floß bauen? Es wird aus kleinen Holz- oder Bambusstöckchen zusammengesetzt und mit Bast oder Bindfaden verschnürt. Man kann in der Mitte des Floßes noch einen Segelmast aufstellen, an dem ein buntes Stoffsegel festgeklebt wird.

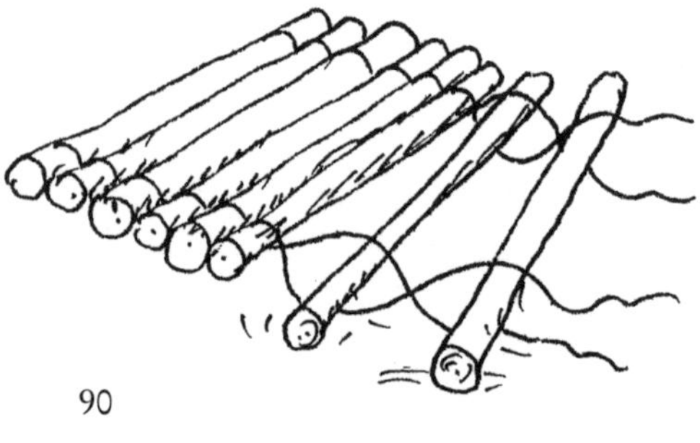

Große Schiffe

Die Menschen erfanden immer größere Schiffe: zuerst Boote mit Rudern, dann mit mehreren Segeln, dann kamen die Dampfschiffe mit ihren großen Schaufelrädern, und schließlich wurden Schiffsmotoren erfunden, die mit einer Schiffsschraube große Dampfer in Bewegung setzen konnten. Daraufhin wurden riesige Frachtschiffe, Tanker und sogenannte „Ozeanriesen“ gebaut.

TIP: Es gibt viele Bilderbücher mit interessanten Abbildungen der verschiedenen Boote, Schiffe und Dampfer, und es gibt genauso viele Bastelbücher mit Anleitungen für einfache und originelle Schiffe zum Selbermachen, deshalb ist in diesem Buch das Thema Schiffe weniger ausführlich dargestellt.

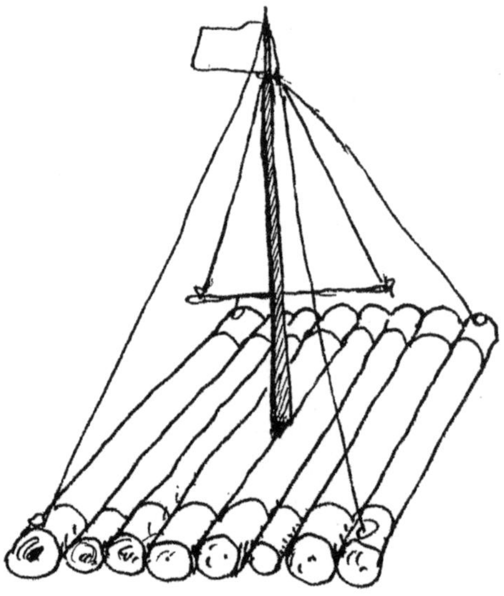

Kinder bauen ihr Traumschiff

Der Schiffsboden muß groß und breit sein, damit viel darauf paßt. Das kann eine Styropor-Platte sein, wie sie als Verpackungsmaterial gebraucht wird, oder der Holzboden einer Obstkiste, oder mehrere zusammengebundene Holzstäbe, oder Holzplatten. Für den weiteren Aufbau des Schiffes können die Kinder aussuchen, was ihnen gefällt, zum Beispiel Schachteln, leere Milchtüten, Holzreste, Styroporteile, Papprollen, Naturmaterial. Mit Schnüren, Klebeband oder Nägeln wird der Aufbau zusammengebaut und auf dem Schiff befestigt. Zum Schluß malen die Kinder ihr Traumschiff mit wasserfesten Plakafarben bunt an.

Was ist das Traumschiff der Kinder? Ein Segelschiff, ein Ozeandampfer, ein Seeräuberschiff, ein Hausboot, ein Frachter, ein Märchenschloß-Schiff, ein Zoo-Schiff, ein Zirkus-Schiff oder ein Kinderzimmer-Schiff?
Und wenn das Schiff zu schwer ist und nicht mehr schwimmen kann, weil zuviel aufgetürmt ist, dann wird einfach die Gartenwiese in ein Phantasiemeer verwandelt, auf dem eben nur Traumschiffe schwimmen können. Das ist klar!

Am See

Der See ist eine eigene kleine Welt, in der Tiere und Pflanzen miteinander leben. Sie alle brauchen das Wasser. Sei es, daß sie im Wasser leben, sei es, daß sie ihre Nahrung am Wasser finden oder ihre Beute im Wasser jagen.
Die Tiere, die am See leben, haben nur so viele Jungen, daß sie alle füttern können und alle satt werden; keiner muß verhungern. Und die großen Tiere fressen nur so viele Beutetiere, daß sich bis zum nächsten Jahr die kleinen Tiere wieder ausreichend vermehren können. Keine Tierart wird ausgerottet.
Die größte Gefahr für das Leben der Tiere und Pflanzen des Sees sind die Menschen. Immer noch kommt es vor, daß sie ihr Dreckwasser von den Haushalten oder von Fabriken ungefiltert in den See ablassen. Dieses Abwasser ist oft giftig. Daran sterben die Pflanzen und Tiere.

Müllberge am Seeufer

An manchen Seeufern häufen sich kleine Müllberge mit Unrat, der achtlos von den Menschen weggeworfen wurde. Manchmal werden sogar alte Autoreifen oder Sperrmüll in den Schilfrohren des Seeufers versteckt. Am häufigsten sind jedoch die Abfälle von Picknicks am See zu finden: Da liegen leere Blechdosen am Ufer, schwimmen Pappteller zwischen den Wasserpflanzen oder schaukeln Plastiktüten auf dem Wasser.
Zum Glück kümmern sich Natur- und Umweltschützer um die Seen. Sie fordern Filteranlagen für die Abwässer, sammeln den Müll an den Ufern ein, sperren die Brutstellen der Wasservögel ab und haben durch ihre Arbeit schon manchen See und seine Lebewesen gerettet. Und was können die Kinder dazu tun?

Das sollte ein Naturschützer auch wissen

Der Wassersport am See ist für viele Tiere bedrohlich geworden: Die Motorboot-Sportler lassen das alte Motoröl ins Wasser ab, manche Surfer jagen die Wasservögel, manche Ruderer dringen ins dichte Schilf ein und scheuchen die brütenden Wasservögel auf, und manche Angler fischen die Fische nur zum Spaß. Naturschützer verhalten sich anders!

Wir richten ein Aquarium ein

Kinder können sehr lange und immer wieder vor einem Aquarium stehen und den Fischen zuschauen. Diese kleine Welt im Wasserbehälter fasziniert sie, und sie wünschen sich oft ein Aquarium im Kindergarten.
Viele Erzieherinnen oder Erzieher scheuen diese Anschaffung, weil sie meinen, das tägliche Füttern und die Pflege würde viel Zeit in Anspruch nehmen. Doch es gibt Futter, das längere Zeit ausreicht, weil es sich in kleinen Tages-Portionen auflöst. Und als Reinigung des Aquariums muß nur regelmäßig ein Wasserfilter ausgewechselt werden. Das ist alles.

Das Gefäß
Die Größe des Behälters ist davon abhängig, wie viele Fische man haben möchte. Ein 10 cm langer Fisch braucht als Bewegungsraum mindestens 2 Liter Wasser. Je mehr und je größer die Fische sind, desto größer muß das Gefäß sein.

Was man sonst noch braucht
Man braucht einen Wasserfilter, eventuell eine Aquarium-Beleuchtung und eine Belüftungspumpe. Wer ein Salzwasser-Aquarium anlegen möchte, muß auf jeden Fall eine Luftpumpe installieren.

TIP: Die Fische eines Süßwasser-Aquariums sind einfacher zu halten.

Was müssen wir besorgen?

Es ist für die Kinder spannend, wenn sie bei der Planung und Beschaffung des Aquariums mitmachen dürfen. Gemeinsam können Sie mit den Kindern überlegen, wie groß das Wassergefäß sein soll und wie viele Fische in das Aquarium passen.

Der Standort
In ein Aquarium sollte die Sonne nicht direkt scheinen, sonst bilden sich zu viele Algen.

Der Boden des Aquariums
Mit Sand und Steinchen wird der Boden etwa 5 cm hoch aufgefüllt. Der Sand muß vorher gewaschen werden. Dabei können die Kinder mit Wassereimer und feinmaschigem Sieb mitarbeiten. Dann wird Wasser aufgefüllt, aber nur so viel, daß der Sand gerade bedeckt ist. Nun muß das Aquarium einige Tage stehen bleiben, bevor man die Wasserpflanzen einsetzt.
Wer ein Salzwasser-Aquarium hat, der kann auch Korallen und Muscheln auf den Boden legen.

Im Aquarium

Wasserpflanzen

Die Wasserpflanzen geben Sauerstoff an das Wasser ab. Dieses sauerstoffreiche Wasser atmen die Fische durch die Kiemen ein. So sind Wasserpflanzen für die Fische lebenswichtig. Die Pflanzen dienen auch als Versteck und zum Ablaichen der Eier.

Die Wasserpflanzen werden mit ihren Wurzeln einfach in den Sand eingesetzt und angedrückt. Als Pflanzen eignen sich Wasserpest, Hornkraut, Wasserschraube, Pfeilkraut und Tausendblatt.

Zum Schluß vorsichtig Wasser einfüllen, das vorher kurz abgekocht wurde und wieder abgekühlt ist.

Nun sollte das Aquarium etwa 14 Tage stehen bleiben, damit die Pflanzen anwurzeln und genügend Sauerstoff an das Wasser abgeben

Fische

Stichlinge

Sie sehen schön aus mit ihrem leuchtend roten Bauch. Interessant ist es, das Verhalten der Männchen zu beobachten, wenn sie ein Nest bauen, ihr Weibchen in dieses Nest locken, die Eier bewachen und später die Jungen hüten.

Elritze

Auch die kleinen Elritzen sind für ein Aquarium geeignet. Sie verändern ihr Aussehen und passen sich der jeweiligen Farbe des Hintergrundes an. Wenn man weißes Papier und später schwarzes Papier hinter das Aquarium hält, kann man diese Veränderung gut beobachten.

Guppys

Die Guppys sind kleine Fische. Das Männchen hat ein hübsches Schuppenkleid. Das Weibchen legt keine Eier, sondern bringt die Jungen lebendig zur Welt. Wenn die Kleinen sich nicht schnell genug zwischen Pflanzen oder Kieselsteinen verstecken, kann es passieren, daß die Mutter sie auffrißt.

Schnecken
Im Aquarium sollten auch ein paar Posthornschnecken sein. Sie fressen die Algen und helfen auf diese Weise mit, das Aquarium sauber zu halten.

Kinder beobachten die Fische

Der Fisch benützt seine Flossen zur Fortbewegung. Beim Schlafen bleibt der Fisch im Wasser stehen, nur seine seitlichen Flossen bewegen sich langsam hin und her, so hält der Fisch sein Gleichgewicht.

Der Fisch hat keine Augenlider. Er schläft deshalb mit offenen Augen.

Der Fisch nimmt mit seinem Maul Wasser auf und stößt es durch die Kiemen wieder aus. So atmet er. Mit seinen Kiemen kann er aus dem Wasser den Sauerstoff herausfiltern.

Die meisten Fische haben Schuppen. Manche sind zusätzlich mit einer schützenden, schleimigen Haut überzogen. Die Kinder sollten die Fische nicht anfassen, es könnte das Schuppenkleid oder die Schleimhaut beschädigt werden.

Wenn man seine Hand an die Glaswand des Aquariums hält, dann schwimmen die Fische ängstlich weg. Tierfreunde nehmen darauf Rücksicht und verängstigen die Fische nicht absichtlich durch Klopfen oder Pochen.

Der Fisch kann gut hören. Wenn im Zimmer ungewöhnliche Geräusche oder laute Schritte zu hören sind, dann versteckt er sich zwischen den Wasserpflanzen.

Was die Kinder nicht sehen können, aber vielleicht wissen wollen: Der Fisch kann riechen. Mit dem Wasser, das durch seine Nasenlöcher strömt, nimmt er den Geruch auf.

Von der Quelle bis zum See

Diese kleine Landschaft wird auf einem großen Tisch aufgebaut.
Da gibt es einen Hügel mit einer Quelle . . . ein kleines Rinnsal fließt den Hang hinunter . . . daraus wird ein Bach, der sich durch einen Wald schlängelt . . . der Bach kommt an Wiesen, Äckern und einem kleinen Dorf vorbei . . . und mündet schließlich in einem See.
Wenn der Tisch oder der Sandkasten groß genug ist, kann die Wasser-Reise weitergehen: . . . auf der anderen Seite des Sees fließt ein Fluß weiter . . . dieser wird immer breiter . . . kommt an einer Stadt vorbei . . . und mündet schließlich in das Meer, dort steht eine kleine Hafenanlage mit Ozeandampfern.

TIP: Diese Gruppenarbeit wird mehrere Tage in Anspruch nehmen. Deshalb ist es günstig, wenn der Basteltisch in einer Ecke stehen bleiben kann und nicht für weitere Spiele gebraucht wird.
Die Kinder basteln und bauen nur dann an dieser Tischlandschaft, wenn sie wirklich Lust dazu haben. Es eilt ja nicht – auch in der Natur brauchte es seine Zeit, bis Quellen, Rinnsale, Bäche, Flüsse und Seen entstanden sind.

Landschaftsgärtner bei der Arbeit

Wasser = Kreppapier, Pergamentpapier oder Seidenpapier
Hügel = aus Pappmaché, Sand oder Stein
Wiesen = Seidenpapier, grün angemaltes Papier oder Moos
kleine Blumen = winzige, bunte Seidenpapier-Knäuel
Wald = Tannenzapfen, kleine Zweige, der „Stamm“ der Bäume wird in Knetekugeln gedrückt.
Büsche = Moosbüschel
Felder = Sand, braunes Kreppapier

Häuser = kleine Schachteln, bunt bemalt, aus Papier gefaltet.
Schiffe = aus Papier gefaltet, aus Rinde oder kleinen Holzklötzchen gebaut.
Pflanzen im Wasser oder an den Ufern = auf Papier gemalt und ausgeschnitten, aus Buntpapier oder Pergamentpapier einfache Formen gerissen.
Fische und kleine Wassertierchen = aus Papier gemalt und ausgeschnitten, auf Buntpapier oder Pergamentpapier gerissen, aus Knete geformt, kleine Rindenstückchen mit Kneteaugen.

Diese Anregungen zeigen, daß Phantasie gefragt und alles möglich ist. Die Kinder können sich ausdenken und gestalten, was immer sie wollen. Einfache Formen, auf Papier gemalt und ausgeschnitten, sind genauso schön wie kompliziertere Papierfalttechniken oder Knetefiguren. Am schönsten aber sieht es aus, wenn viel Naturmaterial verwendet wird.

4. Kapitel

Im großen, blauen Meer

Das Meer

„Meer“ heißt für Kinder soviel wie Urlaub, Baden, Strand, Sandburgen, Muscheln, Wind, Schilf, Kieselsteine, Salzwasser, hohe Wellen, Sturm, Inseln, Sonnenbrand, Dünen, Watt, Krebse, Quellen, Fischerboote und Leuchttürme. Manche kennen sogar Ozeandampfer, Hafen und Palmenstrände.
Verträumte und phantasiebegabte Kinder denken bei „Meer“ auch an Wasserungeheuer, Wassernixe, Wassermann, Seeräuber, Kobold, Riesenwellen, Zauberfisch und Flaschengeist.

Das alles ist das Meer

Diese Gruppenarbeit bietet den Kindern untereinander viele Gesprächsanlässe. Sie können ihre Erlebnisse erzählen und auch ein bißchen dazuphantasieren. Dann sind es eben Erlebnisse, die im Kopf passiert sind.

Die Kinder bekommen alte Zeitschriften oder Reisekataloge und schneiden die Bilder aus, die ihrer Meinung nach zum Meer gehören. Dann wird eine alte Tapetenrolle oder ein großer Bogen Packpapier ausgebreitet und alle ausgeschnittenen Bilder aufgeklebt: Das alles ist das Meer!

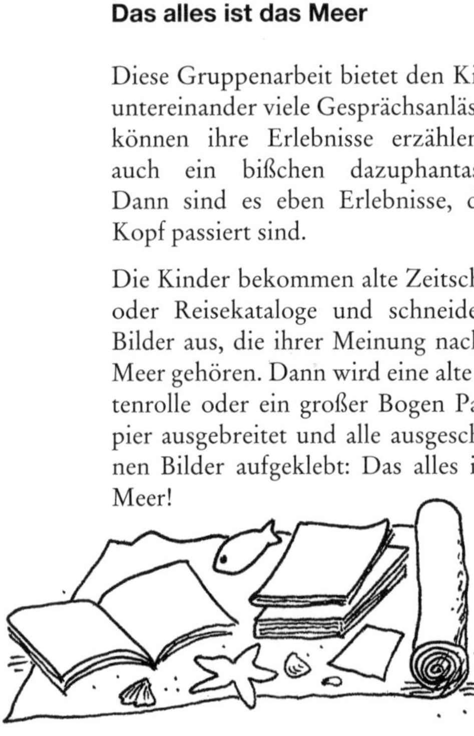

Naturschauspiel Meer

Das Meer fasziniert die Menschen immer wieder aufs neue. Sie spüren die Urkraft dieses Elements, und manch einer denkt beim Anblick dieser großartigen Naturerscheinung daran, daß alles Leben der Erde aus dem Wasser kam und auch heute noch kein Lebewesen ohne Wasser leben kann.
Sie können diese Eindrücke nur dann den Kindern weitergeben, wenn Sie selbst von Meer, Wasser und Wellen beeindruckt sind:
Kennen Sie das Meer, diese endlose Weite, bei der man versucht, mit den Augen am Horizont die Linie zwischen Wasser und Himmel zu finden?
Kennen Sie das gewaltige Rauschen des Meeres? Oder haben Sie schon einmal dem sanften Wellengeräusch am Meeresstrand gelauscht und ließen sich von der rhythmischen, immer wiederkehrenden, lauter und leiser werdenden Wellenmusik verzaubern? Betrachteten Sie das Wellenspiel, und kennen Sie die elementare Kraft der Wellen , wie sie sich auftürmen, zurückfallen, wie sie immer wieder ihre weißschäumenden Kronen aufsetzen, über Klippen springen, an Felswände schlagen, über Kieselstrand streicheln oder mit ihren breiten Wasserzungen am Sandstrand lecken?
Es gibt viele Möglichkeiten, den Kindern vom Meer zu erzählen und das Meer zum Erlebnis werden zu lassen. Die folgenden Seiten sind einige Beispiele dafür.

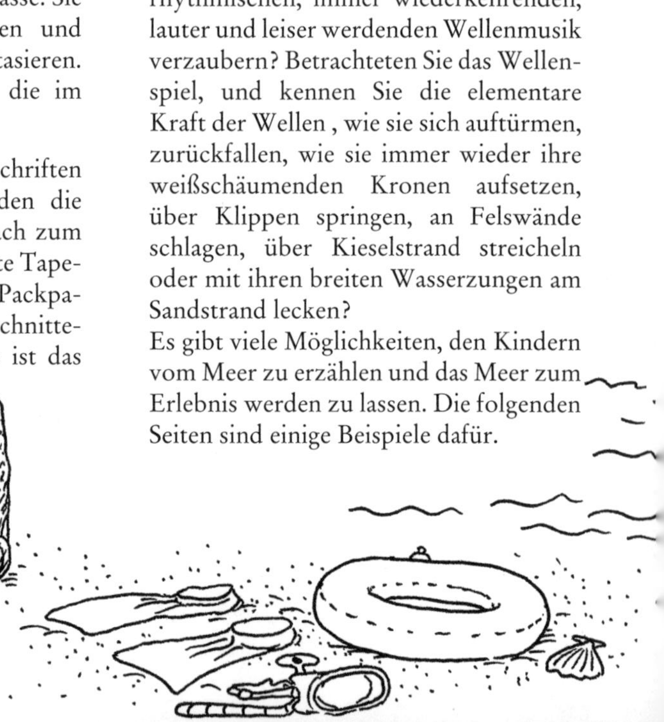

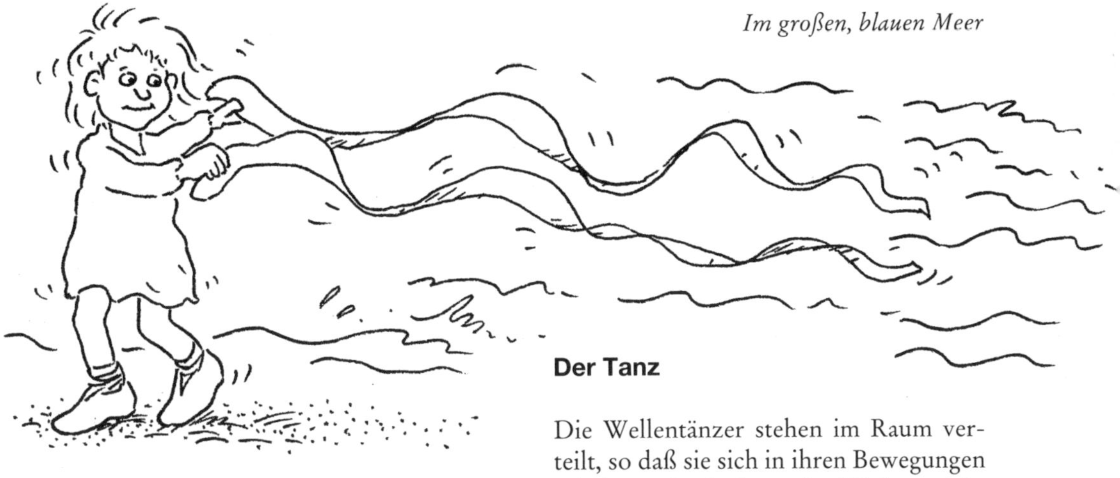

Wellentanz

Die Bewegungen der Wellen können die Kinder in einem Phantasietanz darstellen. Sie nehmen dazu feine Tücher, Chiffontücher, Stoffbänder oder Kreppapierbänder, möglichst in Blautönen.
Die verschiedenen Wellenbewegungen ahmen die Kinder mit diesen Tüchern nach:

Es geht auf und ab, hoch über den Kopf, tief auf den Boden, es gibt wilde, hohe und sanfte, flache Wellen, kreisende Wasserstrudel, kräuselnde, wiegende und züngelnde Wellen.

Zeigen Sie den Kindern diese Bewegungen mit dem Tuch, und bald werden die Kinder eigene Wellenbewegungen erfinden.

Der Tanz

Die Wellentänzer stehen im Raum verteilt, so daß sie sich in ihren Bewegungen mit den weitschwingenden Tüchern nicht behindern und stören. Es ist eine freie Tanzform, und die Kinder können sich nach der Musik so bewegen und ihre „Wellentücher" dabei schwingen, wie es ihnen in den Sinn kommt, bleiben allerdings auf ihren Plätzen.
Anfangs wird jeder Tänzer mit sich selbst beschäftigt sein und sich auf die Musik und die Bewegungen seiner Tücher konzentrieren. Diese Konzentration kann lange anhalten und zum meditativen Tanz hinführen. Erst später können Sie mit den Kindern gemeinsame Tanzformen absprechen.
Als Tanzmusik ist jede Instrumentalmusik geeignet. Die Rhythmen sollten ruhig und nicht zu schnell, die Melodien sanft wiegend und etwas heiter sein.

TIP: Als Musik ist zum Beispiel die Harfenmusik von Patrick Ball passend: „Celtic Harp" (Kassette: Fortuna FOR-005-17005–4).

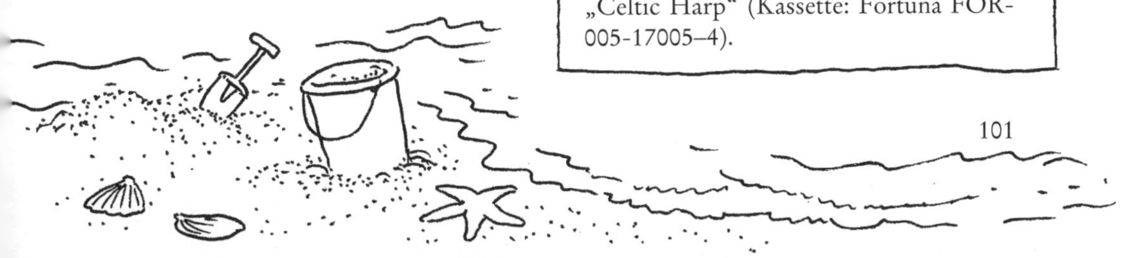

Wir machen Wellen

Wie der Wind die Wellen des Meeres erzeugt, können Sie den Kindern mit einem einfachen Experiment zeigen.

Wannen-Wasser-Wellen

Stellen Sie eine Wanne mit Wasser gefüllt auf. Warten Sie, bis die Wasseroberfläche ruhig und glatt ist. Dann blasen Sie leicht auf die Wasseroberfläche – und schon kräuseln sich kleine Wellen. Je nachdem, wie stark Sie blasen, werden die Wellen in der Wanne ihre Wogen schlagen. Legen Sie verschiedene Gegenstände bereit, dann können sich die Kinder ihre eigenen Wellen machen:

- Mit einem Strohhalm auf die Wasseroberfläche blasen,
- mit einem Kochlöffel rühren,
- einen Stein ins Wasser plumpsen lassen,
- mit einem Becher das Wasser schöpfen,
- mit einem Schlauch unter Wasser blasen,
- ein Stück Holz schwimmen lassen,
- Papierschiffchen auf das Wasser setzen und vorsichtig fortblasen,
- Wassertropfen ins Wasser tröpfeln lassen.

Zwischen den einzelnen Versuchen sollten die Kinder abwarten, bis die Wasseroberfläche wieder ganz ruhig ist.

Wellenspiel

Geben Sie den Kindern ausreichend „Sprachmaterial“, damit sie mit Worten beschreiben können, was sie beobachten.

Beispiele
Wellen tanzen, wiegen sanft, kräuseln sich, schlagen an die Wannenwand oder draußen in der Natur an die Felswand, sie brechen, wenn sie sich vorn überschlagen, sie rollen heran, sie ziehen ihre Kreise, und sie laufen am flachen Ufer aus. Es gibt hohe Wogen, schäumende Gischt und Wellenkronen. Manchmal ist das Wasser spiegelglatt, und wer auf diesen Wasserspiegel schaut, der kann sich selbst sehen.

Wellenbilder

Die Wellenbewegungen, die die Kinder bei diesem Experiment gesehen haben, werden mit Farben auf Papier gebracht. Dort können sie nicht mehr verschwinden und sind für immer festgehalten.
Interessant ist es, von den Kindern zu erfahren, welche Geschichte sie sich zu ihrem Bild ausgedacht haben:
Ist ein Stein ins Wasser gefallen?
Ist ein Fisch vorbeigeschwommen?
Gab es einen großen Sturm?
Für diese Bilder eignen sich dicke Wachsmalkreiden, Fingerfarben oder Wasserfarben.

Sand

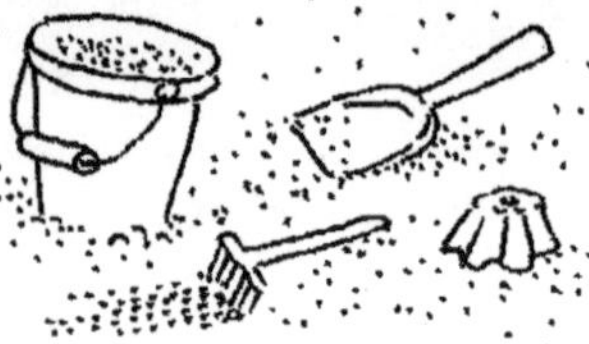

Das schönste Spielmaterial am Meer ist für die Kinder der Sand. Manchmal sind die Kinder vom Sandbuddeln mehr begeistert als vom Schwimmen und Toben im Meer. Das kann man verstehen, denn am Strand liegt den Kindern der allergrößte Sandkasten zu Füßen.

Woher kommt der Sand?

Sand ist gemahlener Stein. Tief unten am Meeresboden sind Felsen, Riffe und Steine. Diese werden durch die ständige Bewegung der großen Wassermassen im Meer abgebrochen, zerkleinert, abgerieben und zermalmt. Sind die Steine schließlich zu kleinen Körnchen zerrieben und gemahlen, werden sie vom Meerwasser an Land geschwemmt.
Auch ein Fluß, der ins Meer mündet, schleppt Sand heran.
Ein starker Wind kann den Sand wegblasen, hochwirbeln und zu Sanddünen auftürmen.

Das Meer im Schüttelglas

Wie das Wasser den Sand tragen und bewegen kann, das sehen die Kinder ganz genau bei diesem Schüttelglas.

Ein Glasgefäß mit verschließbarem Deckel wird zu einem Viertel mit Sand gefüllt, randvoll mit Wasser aufgefüllt und das Glas verschlossen. Dann schüttelt man kräftig und stellt es wieder auf einen Tisch. Jetzt können die Kinder beobachten, wie die kleinen Sandkörner im Wasser umherwirbeln, nach und nach auf den Boden sinken, sich dort noch ein wenig hin und her bewegen und schließlich liegen bleiben.
Und was passiert, wenn man noch eine Muschel, ein Stück Holz und einen Plastikfisch in das Schüttelglas gibt? Das können die Kinder gleich ausprobieren.

Sand rieselt durch die Hand

Wenn der Sand sehr trocken ist, erfinden die Kinder die einfachsten, aber schönsten Sandspiele:

- Durch die Finger rieseln lassen,
- mit drei Fingern streuen,
- mit der flachen Hand darauf patschen,
- mit beiden Händen auftürmen,
- die Hand im Sand verstecken,
- mit dem Finger kleine Löcher bohren,
- mit der Hand ein großes Loch ausheben.

Im Sand malen

Im trockenen Sand kann man Bilder malen, natürlich nicht mit einem Pinsel, aber mit dem Finger, mit einem alten Kamm, mit einem Stab oder einer Schaufel. Daraus wird ein Ratespiel:
Zuerst muß die Malfläche eingeebnet werden, dann malt der Künstler sein Sandbild, die andern schauen zu und raten, was es werden soll. Ein Schiff? Ein Haus? Die Sonne? Ein Gesicht? Wer es errät, ist der nächste Sandmaler.

Sandbilder auf dem Papier

Mit Klebe oder Kleister ziehen die Kinder auf einem etwas festeren Papier oder Karton ihre Spuren. Dann lassen sie feinen, trockenen Sand darüberrieseln. Ist der Kleber trocken, ist auch auf den Klebespuren der Sand festgeklebt. Jetzt können die Kinder den restlichen Sand vom Blatt schütteln oder wegpusten – und das Sandbild kommt zum Vorschein.

Sand und Wasser

Das gibt eine Aufregung, wenn Sie mit einem Eimer Wasser zum Sandkasten kommen und das Wasser hineinschütten. Aus dem feinen Rieselsand wird eine herrliche Matsche. Alle Kinder werden sich um den Sandkasten drängen und mit den Händen in diesem Matsch herumwühlen. Das macht Spaß!
Der naßfeuchte Sand fühlt sich ganz anders an, und die Kinder werden neue Spiele ausprobieren: Berge auftürmen, Gräben ziehen, Tunnels graben, Kuchen backen, Figuren plastisch formen und große Burgen bauen mit Mauern, Türmen, Wassergräben.

Kieselsteine

Auch die Kieselsteine gehören seit jeher zu den schönsten Spielsachen der Kinder. Was ist so faszinierend an diesen kleinen, harten, runden Steinchen? Sie bieten unendlich viele Spielmöglichkeiten, kein Stein gleicht dem andern. Die Kinder können ihre „Spiel-Steine“ überall finden: am Flußufer, im Bach, auf Wegen und Feldern und in unübersehbarer Fülle am Strand.

Information
Die Kieselsteine bestehen hauptsächlich aus gefestigter Kieselsäure, von daher haben sie ihren Namen.

Wer macht die Kieselsteine?

Es ist das Wasser, das diese runden Kullersteine bearbeitet und ans Ufer schleppt. Zuerst sind die Kieselsteine gar nicht rund, sondern eckig und spitz. Denn es sind angebrochene Felsbrocken, die vom Wasser mitgerissen werden. Mit der Bewegung des Wassers reiben die Steine aneinander und schleifen sich gegenseitig die scharfen Kanten ab. Auf diese Weise bekommen sie ihre runde Form.

Kieselstein-Meditation

Bei dieser Meditation sitzen die Kinder auf warmen Decken auf dem Boden. Es kommt darauf an, daß jeder still ist, nicht nach den andern schaut, den Blick und die Sinne nur auf den kleinen Stein richtet und seine Gedanken, Träumen und Phantasien freien Lauf gibt.
Manchmal unterstützt eine leise, ruhige Musik diese Konzentration.

Die Kieselsteine liegen zuerst in einem Korb. Dieser wird reihum gegeben, und jedes Kind sucht sich einen Stein aus. Dann fordern Sie die Kinder auf, ihren Stein genau anzuschauen: die Farbe, die Linien, die Form, das Muster.
Als nächstes tasten die Kinder ihren Stein ab: die Form, die Oberfläche, die Unebenheiten. Lassen Sie den Kindern für diese Beobachtungen viel Zeit.
Schließlich ermuntern Sie die Kinder, sich vorzustellen, daß der Stein seine Geschichte erzählen möchte: wo er gefunden wurde, wo er herkam und welche Reise er hinter sich hat. Kommt er zum Beispiel aus dem Meer oder von den Bergen?
Zum Schluß fordern Sie die Kinder auf, ihren Stein ganz fest in der Hand zu drücken, dann die Arme und die Beine auszustrecken, dann den ganzen Körper zu räkeln und zu strecken, schließlich legt jeder seinen Stein vor sich auf den Boden.

Kieselsteinspiele

Für diese Spiele brauchen Sie viele Kieselsteine. Schütten Sie alle auf den Boden oder in einen Korb. Die Kinder sitzen im Kreis auf dem Boden.

Turm bauen
Jedes Kind nimmt einige Steine und versucht, diese aufzutürmen. Wer schafft einen Turm mit drei, vier oder sogar fünf Steinen?

Der schönste Stein
Jedes Kind bekommt mindestens fünf Steine. Welches ist der größte von diesen fünf Steinen? Welcher Stein der Kleinste, der Schönste, der Dunekslte, der Rundeste?
Sie stellen diese oder andere Fragen, und die Kinder wählen von ihren Steinen den entsprechenden Favoriten aus.

Steine klickern
Wer schafft es, einen Stein mit dem anderen zu treffen, wie bei einem Murmelspiel?

Steintrommel
Zwei Steine werden rhythmisch gegeneinandergeschlagen. Welche beiden Steinen klingen am besten?

Steinrassel
Wer kann alle fünf Steine in beide Hände nehmen und schütteln, so daß sie wie in einer Rasselbüchse klappern?

Steinmuster
Wer legt ein schönes Muster mit seinen Steinen? Eine Linie, einen Kreis, einen Bogen oder eine Zickzacklinie?

Steinmosaik
Alle legen gemeinsam ein großes Mosaikbild, zum Beispiel eine große Blume, einen Stern, ein Tier oder irgendeine Phantasieform.

Mein Lieblingsstein

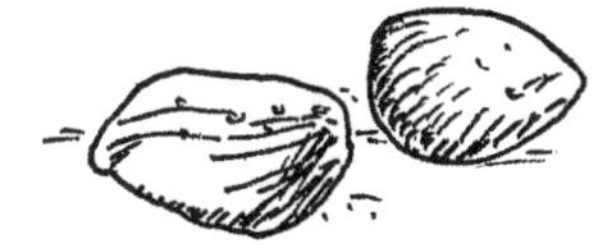

Jedes Kind sucht sich seinen Stein aus. Dann wird der Stein mit Sandpapier glattgeschmirgelt, danach gut abgewaschen und abgetrocknet, mit einem Lappen und Bohnerwachs eingerieben und zuletzt mit einem Wollappen schön poliert. Jetzt glänzen die kleinen Steinchen.
Übrigens: Einen Lieblingsstein trägt man natürlich in der Hosentasche.

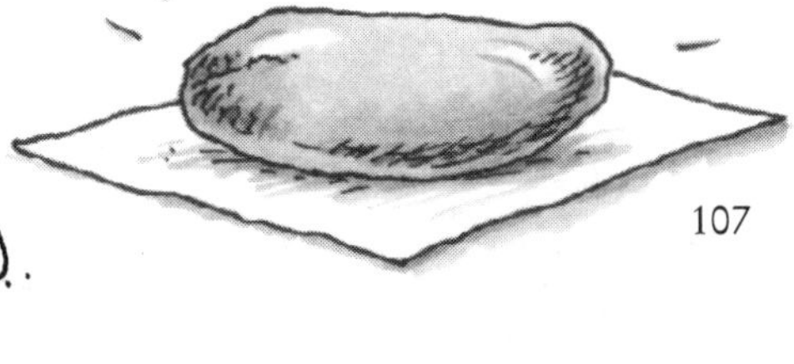

Muscheln und Schnecken

Wer kann da widerstehen, wenn man bei einem Spaziergang am Strand eine schöne Muschel im Sand liegen sieht? Man muß sie einfach mitnehmen! Vor allem Kinder geraten beim Muschelsammeln in richtige Sammlerleidenschaft, die kaum mehr zu bremsen ist. Sie füllen Hosentaschen, Mützen und Sandeleimer und wollen alles nach Hause schleppen.

Muscheln waren für die Menschen seit vielen, vielen Jahren etwas Besonderes. Die alten Völkerstämme trugen Muscheln als wertvollen Schmuck, den man heute noch in Museen bewundern kann. Die Ägypter benutzten Muscheln als Geld. Auch die Indianer schnitzten aus Muscheln ihre Münzen.

Eine echte Sammlung

Die Kinder betrachten alle Muscheln und Schneckenhäuschen. Bald werden sie entdecken, daß viele gleich aussehen: Es gibt runde, längliche, herzförmige, gewundene oder spiralförmige Schalen. Wenn es die Kinder interessiert, erklären Sie die verschiedenen Namen.

Für ihre Sammlung falten und kleben die Kinder aus Kartonpapier viele kleine Schachteln. In diese Behälter sortieren sie ihre Muscheln und Schneckenhäuser. Dann wird ein Regal ausgeräumt und die Muschelsammlung eingerichtet. So können die Kinder immer wieder ihre Muscheln herausnehmen und anschauen. Hier eine Zusammenstellung der Muscheln und Schnecken, die am häufigsten zu finden sind:

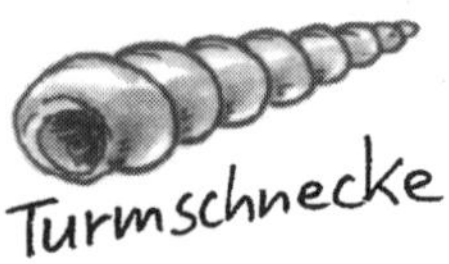

Muschelbilder

Die Muscheln und Schnecken mit ihren schönen Maserungen und Formen animieren zum weiteren Gestalten. Die Kinder legen gerne Muschelbilder, zum Beispiel lustige Gesichter, Phantasietiere oder einfach ein schönes Muster.
Diese Muschelbilder sehen im Sand sehr schön aus. Wenn Sie dafür den Sandkasten nicht belegen wollen, können Sie den Kindern folgendes zeigen:

> **TIP:** Gips ist in Bastelgeschäften als Modelliergips zu kaufen. Ist der Gipsbrei angerührt, muß man rasch weiterarbeiten, denn Gips ist meistens schon nach 10 Minuten trocken und hart.
>
> *Achtung*
> Gipspulver wird immer in Wasser eingerührt, nicht umgekehrt!

Im Kartonrahmen
Ein Kartondeckel wird mit Sand gefüllt, in diese Fläche kann jedes Kind ein eigenes Muschel-Sand-Bild legen.

In Gips
Ein Muschelbild, in Gips gegossen, wird nie mehr verrutschen, und man kann es sogar an die Wand hängen. Als Form eignen sich flache Behälter wie Deckel oder Schalen. Zuerst wird eine Schicht Sand eingefüllt und die Muscheln mit der Wölbung nach unten in den Sand gedrückt. Auch die Schneckenhäuser zur Hälfte eindrücken.
Dann den Gips anrühren und langsam über das Sandbild gießen. Alle Muscheln und Schnecken sollten mit dem Gipsbrei völlig verdeckt werden. Ist der Gips abgebunden, wird das Bild aus der Form genommen und umgedreht – fertig! Den Aufhänger kann man einfach auf die Rückseite der Gipsplatte kleben.

Muschelanhänger

Manche Schneckenhäuser oder Muschelschalen haben kleine Löcher, sie eignen sich prima für eine Muschelkette. Sie können aber auch mit einem kleinen Bohrer ein Loch in die Schale bohren.
Durch das Loch wird ein feiner Silberdraht oder ein nichtrostender Basteldraht geschoben und zum Anhängerring gebogen. Als Halskette dazu sieht ein dünnes Lederband oder eine selbstgedrehte Kordel sehr schön aus.
Wenn die Muschelschale schön glänzen soll, dann muß man sie vorher einige Stunden in Essigwasser legen.

Das Meer schmeckt ja salzig!

Das Entsetzen ist groß, wenn Kinder zum ersten Mal im Meer baden und aus Versehen einen Schluck Wasser trinken: „Iiiihh! Das Wasser ist ja salzig! Das schmeckt mir aber nicht!"
Wer diese Erfahrung mit dem Salzwasser noch nicht gemacht hat, der kann es gerne nachholen: Füllen Sie 25 g Salz in 1 l Wasser. So etwa schmeckt das Meerwasser!

Wie kommt das Salz ins Meer?

Das Gestein auf dem Meeresboden besteht unter anderem aus Steinsalz. Dieses wird vom Meerwasser ausgelaugt und weggespült. Das Salz löst sich im Wasser auf. Regenwasser dagegen enthält kein Salz, denn wenn salziges Meerwasser verdunstet, dann verdunstet nur das Wasser, das Salz aber bleibt zurück.
Das kann man mit diesem Experiment den Kindern verdeutlichen:
Ein paar Tropfen Salzwasser werden auf ein Papier geträufelt. Dann läßt man es trocknen. Das Wasser verdunstet, und auf dem Papier kommt das Salz wieder zum Vorschein.

Salzgewinnung

In gleicher Weise geht man bei der Salzgewinnung vor. Am Meer legen die Menschen riesige Salzgärten, Salinen, an und lassen das Meerwasser in diese Anlagen fließen. Bei heißer Sonne verdunstet das Wasser – und zurück bleibt das Salz.

Salz ist lebenswichtig

Salz ist das wichtigste Mineral, das wir Menschen zum Leben brauchen. Wir werden krank, wenn wir zu wenig davon haben. Wir werden aber auch dann krank, wenn wir zu viel davon essen.
Salz ist in vielen Nahrungsmitteln enthalten, zum Beispiel in Brot, Käse, Wurst und in allen Suppen. Normalerweise ist mit einem gesunden Speiseplan auch der tägliche Salzbedarf abgedeckt.
Doch im Sommer, wenn wir viel schwitzen, dann scheiden wir mit dem Schweiß auch Salz aus unserem Körper aus. Dieses Salz muß wieder ersetzt werden, und wir sollten dann mehr Salz zu uns nehmen.

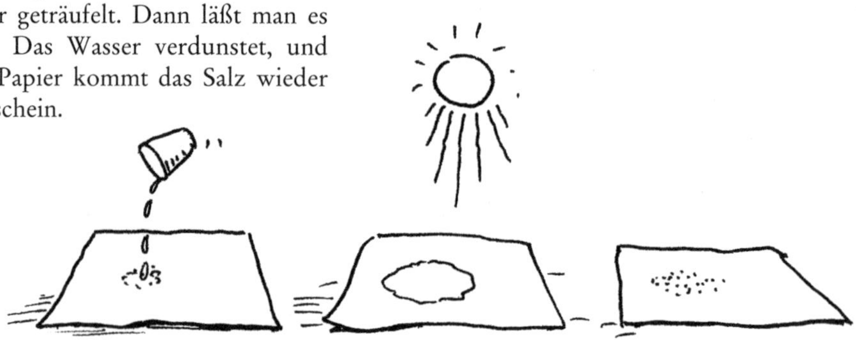

Brötchen mit und ohne Salz

Die Kinder können selber testen, wie Brot mit und ohne Salz gebacken schmeckt. Klar, daß die Kinder schon bei der Zubereitung des Teiges dabei sind. Der Teig wird einmal mit und einmal ohne Salz aus folgenden Zutaten zubereitet:
1 kg Mehl, Backpulver, 1 bis 2 Eßlöffel Milch, 500 g Quark, 100 g Margarine, 2 Teelöffel Meersalz. Gut durchkneten.
Dann formen die Kinder kleine Brötchen. Diese werden im Ofen bei 200 °C etwa 15 Minuten je nach Größe der Brötchen goldgelb gebacken.

Die Brötchen schmecken am besten, wenn sie noch warm sind. Wer will, kann Butter, Schnittlauch und etwas Salz auf sein Brötchen geben. Lecker!

Achtung: Salz oder Zucker?

Kann man Zucker und Salz wirklich verwechseln? Auf den ersten Blick sieht beides gleich aus. Doch wer genauer hinschaut und noch ein Vergrößerungsglas zu Hand nimmt, der kann einen Unterschied feststellen.

Der Vergleich
Auf Teller wird jeweils Salz oder Zucker gefüllt. Jetzt können die Kinder selbst einen Vergleich ziehen:

- Riechen;
- Körner einzeln betrachten;
- Körner zwischen den Fingern zerreiben;
- mit der Lupe die Kristalle anschauen.

Auf dem Meeresboden ist was los!

Für viele Kinder ist das Meer so etwas wie eine riesige Badewanne mit viel, viel Wasser, und ab und zu schwimmt mal ein Fisch vorbei – eben wie in der Badewanne der Badefisch.
Doch das Meer ist anders, eine Welt mit einer unendlichen Vielfalt von Lebewesen. Könnten wir im Meer spazierengehen und uns umsehen, dann kämen wir aus dem Staunen nicht mehr heraus. Eine traumhaft schöne Landschaft würde sich vor unseren Augen auftun mit Lebewesen in schimmernden, leuchtenden Farben.

Der Seestern

Die Schale des Seesterns haben manche Kinder schon gesehen. Aber was macht der Seestern im Meer, wenn er lebendig ist?
Unter den Armen hat er Saugfüßchen, mit denen kann er sich fortbewegen. Will er eine Muschel fressen, dann umklammert er diese mit seinen fünf Armen, bis sie sich öffnet. Verliert der Seestern einen Arm, dann wächst dieser einfach nach. Der verlorene einzelne Arm kann sogar alle vier anderen Arme wieder nachbilden und auf diese Weise zu einem neuen Seestern werden.

Wenn die Kinder diesen Ausflug schon nicht machen können, dann sollten Sie ihnen wenigstens von diesen Naturwundern erzählen, und in der Phantasie der Kinder wird ein Bild von dieser zauberhaften Unterwasserwelt entstehen. Dann wird das Meer keine Badewanne mehr sein, in die man das Schmutzwasser einfach durch ein Abflußrohr abfließen lassen und schnell wieder frisches Wasser nachfüllen kann. Das Meer wird mit dem Wissen um die vielen Lebewesen ein Stück Natur werden, das es zu erhalten und zu schützen gilt.

TIP: Wie ein Saugfüßchen funktioniert, und wie stark es festhält, das kann man den Kindern mit einem Gummihaken an einer glatten Oberfläche, zum Beispiel einer Kachelwand, zeigen.

Der Seeigel

Sein Körper hat rundum Stacheln, wie ein Igel. Der Seeigel bewegt sich mit Saugfüßchen vorwärts. Diese sind lang und dünn und liegen zwischen den Stacheln. Als Maul hat der Seeigel eine runde Öffnung mit fünf Zähnchen, mit denen er Algen vom Meeresboden abschabt.

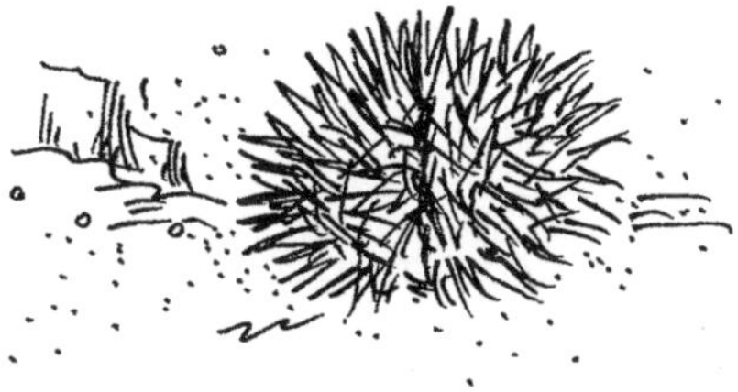

Der Krebs

Vor allem der Einsiedlerkrebs hat ein ungewöhnliches Leben. Er muß nämlich seinen weichen Hinterleib, seinen Po, vor den Feinden schützen. Deshalb kriecht er rückwärts in leere Schneckenhäuser und verschließt den Eingang mit seinen großen, scharfen Scheren. Mit diesen kann er sich gut gegen Feinde wehren.

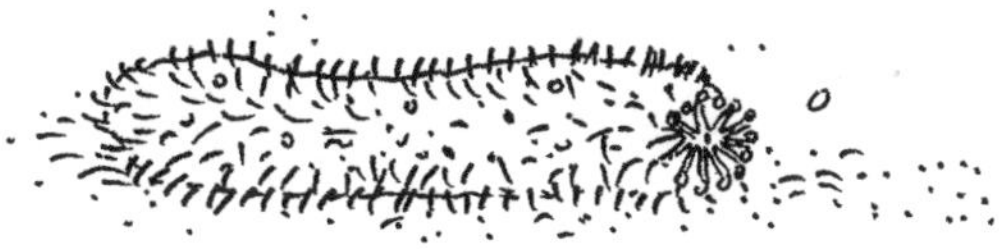

Die Seegurke

Die Seegurke sieht wirklich wie eine Gurke aus. Sie heißt auch Seewalze, weil sie sich wie eine Walze über den Meeresboden hinwegbewegt und mit ihren Tentakeln am Kopf Sand und Schlamm in sich hineinschaufelt. Was zum Fressen nicht geeignet ist, scheidet sie einfach wieder aus.
Es gibt auch Seegurken, die sammeln wie ein Staubsauger alles Freßbare vom Meeresboden auf.

Die Wasserschildkröte

Wasserschildkröten sind an Land sehr langsam, und so will man kaum glauben, daß sie im Wasser schnell und flink schwimmen können. Meistens jagen sie nachts ihre Beute. Tagsüber liegen sie am liebsten im warmen Sand und lassen ihren Panzer von der Sonne trocknen. Schildkröten fressen gerne Fische oder Krebse, aber auch Wasserpflanzen. Wenn sie Gefahr spüren, ziehen sie blitzschnell Kopf und Beine in ihren Panzer.

Im großen, blauen Meer

Text von Bernd Kohlhepp
Melodie von Jürgen Treyz

Refrain:
Im großen, blauen Meer
schwimmt allerhand umher,
Fische, Algen, Wasserschnecken.
Und was kann man noch entdecken?
Alles ohne Zahl.
und ab und zu ein Wal.

Der Sägefisch, der eilt in Meilen,
um das Wasser aufzuteilen.
Muscheln glotzen unbeirrt,
weil aus dem Meer ein halbes wird.

Refrain: Im großen, blauen Meer ...

Die Seekuh auf dem hohen Riff
liegt so krumm da und so schief.
Die Welle spült ihr in das Maul,
zum Schwimmen ist sie grad zu faul.

Refrain: Im großen, blauen Meer ...

Sieht man mal genauer hin,
sieht man auch den Pinguin,
trägt auf weiß den schwarzen Frack,
weil er nun mal Kontraste mag.

Refrain: Im großen, blauen Meer ...

Hört man's Kichern, hört man's Lachen,
hört man's dumme Witze machen,
zudem Krächzen, Glucksen, Schrein'
dann kann's ja nur die Lachmöwe sein.

Refrain: Im großen, blauen Meer ...

Und die lieben, kleinen Nixen
sitzen in Konservenbüchsen.
Dies ist nun mal ihr Zuhaus.
Wenn's rostig wird, dann ziehn sie aus.

Refrain: Im großen, blauen Meer ...

Die Seegurk' am Grund vom Meer,
jammert ziemlich, heult auch sehr.
Den Grund, den kann man nicht verstehn,
und Tränen ja im Meer nicht sehn.

Abenteuer in der Unterwasserwelt

Die Sonne kann nicht sehr tief ins Wasser scheinen, schon in 10 m Wassertiefe ist es sehr dunkel. Die Tiere, die in diesem Bereich leben, haben große Augen.
In der Tiefsee, also ab etwa 1000 m Wassertiefe, ist es ganz finster und schwarz. Doch das macht den Tieren nichts aus. Sie sind dafür recht sinnvoll ausgestattet. Ihre Augen sind ganz klein, dafür haben sie lange Fühler, lange Bartfäden oder lange Schwanzenden, mit denen sie sich vortasten und ihre Nahrung auf dem Boden suchen.
Diese Fische sind nicht sehr groß, viele nur so lang wie ein Finger. Sie können gut riechen und hören und die Bewegungen des Wassers spüren. Einige Tiefseefische besitzen sogar Leuchtpunkte. Damit leuchten sie sich wirklich in der Dunkelheit ihren Weg oder geben ihren Freunden, also ihren Artgenossen, Leuchtzeichen. Und beinahe abenteuerlich ist die Tatsache, daß manche Fische ihre Leuchtpunkte wie eine Taschenlampe ein- und ausschalten können.
Die Laternenfische zum Beispiel blinken mit ihren Lichtern, die Laternenangler haben leuchtende „Angelruten“ an ihrem Maul und locken damit ihre Beute, kleine Fischchen, an, und die Drachenfische haben neben jedem Auge ein grünes und ein rotes Licht, damit suchen sie, wie mit einer Taschenlampe, nach Nahrung.

Woher wissen wir das alles?

Es sind die Tiefseetaucher, die im Meer Fotos von der Unterwasserwelt machen und uns von ihren Erlebnissen erzählen. Aber eigentlich wissen wir nur sehr wenig über die Fische und Lebewesen, die auf dem Meeresboden leben, weil man sie nicht so einfach beobachten kann wie ein Hund oder eine Katze im Garten.
Vielleicht ist das Interesse der Kinder für diese Unterwasserwelt geweckt? Dann wollen sie sicher mehr über die Tierwelt im Meer wissen.

Fische in der Tiefsee

Der Igelfisch
Seine Schuppen sind wie Stacheln. Wenn ein Feind naht, richtet er seine Stacheln auf und bläst seinen Körper auf.

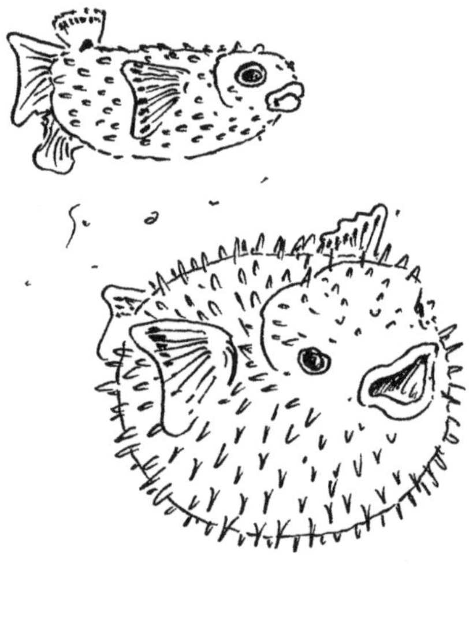

Der Kofferfisch
Seine Schuppen sind hart, und der ganze Körper ist steif wie ein Koffer. Er kann nur sein Maul und die Flossen bewegen.

Der Kugelfisch
Dieser Kugelfisch kann so viel Wasser schlucken, daß er rund wie eine Kugel wird. Das erschreckt seine Feinde.

Der Tintenfisch
Der Tintenfisch verspritzt schwarze Tinte. Das macht er jedoch nicht zum Schreiben oder Malen, sondern als Schutz gegen seine Feinde. Er verfärbt das Wasser, damit diese ihn nicht sehen können und er schnell davonschwimmen kann.

Der Fledermausfisch
Der Fledermausfisch ist flach wie eine Scheibe und hat große Flossen.

Der Drachenfisch
Er liegt stundenlang auf der Lauer, bewegt sich kein bißchen und wartet auf seine Beute. Sein Aussehen ist so gut getarnt, daß er zwischen den Steinen und Pflanzen auf dem Meeresboden nicht mehr zu sehen ist.

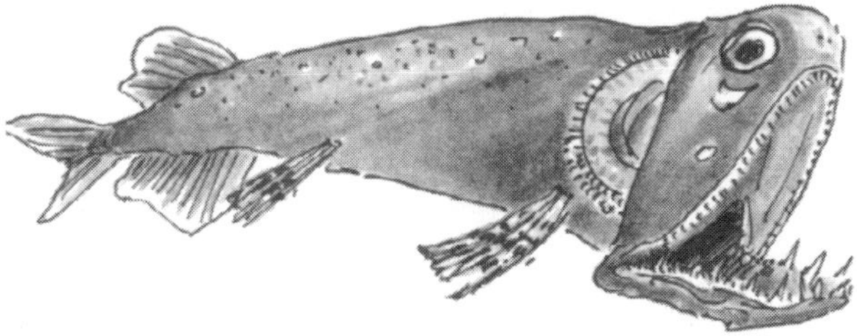

Der Kaiserfisch
Der Kaiserfisch trägt das schönste Schuppenkleid mit den prächtigsten Farben. So herrlich wie sein Aussehen ist, klingen auch die Namen seiner Artgenossen, zum Beispiel Pfauenaugen-Kaiserfisch oder Königin- Engelsfisch.

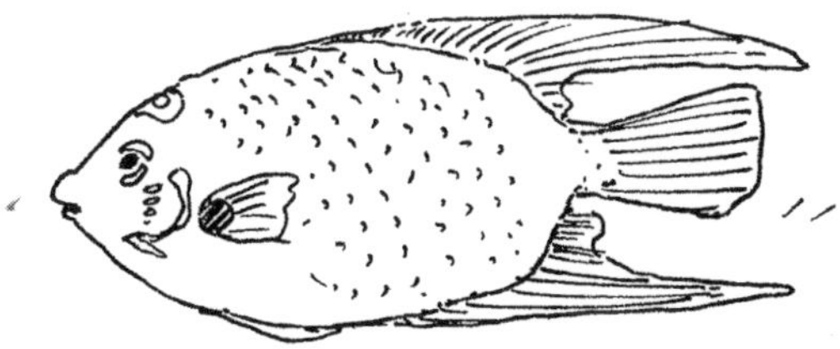

Phantasiefische

Es gibt auch Trompetenfische, Clownfische, Schmetterlingsfische, Leopardenfische und Papageienfische. Diese phantasievollen Namen verraten zugleich etwas über das Schuppenkleid der Fische.
Wenn die Kinder dies hören, kommen sie sicher auf die Idee, eigene Namen für Fische zu erfinden. Dazu eine Geschichte zum Weitererzählen und Malen:

Der kleine Wassermann und die Wunderfische

Auf dem Meeresboden, versteckt zwischen Korallen, Seeanemonen und Seeigeln, gibt es eine winzige Höhle. Dort wohnt der kleine Wassermann. Seine Freunde sind die kleinen, leuchtenden, bunten Fische. Mit ihnen spielt er am liebsten. Er reitet auf dem Leopardenfisch, singt lautstark mit dem Trompetenfisch, macht mit dem Clownfisch seine Späße, daß die andern lachen müssen, tanzt mit dem Schmetterlingsfisch den schönsten Wasserwellentanz und gibt dem Papageienfisch lustige Rätsel auf.
Eines Tages will der kleine Wassermann etwas ganz Besonderes machen. Aber ihm fällt nichts ein. Seine Freunde dagegen haben viele Ideen: Der Leopardenfisch schlägt mit dem Clownfisch lustige Purzelbäume, der Trompetenfisch und der Papageienfisch singen sogar zweistimmig das schönste Wasserblubberlied, und der Schmetterlingsfisch tanzt seinen tollsten Pirouettentanz, den er sonst nur am Geburtstag des kleinen Wassermanns vorführt.
Doch das ist es nicht, was sich der kleine Wassermann vorstellt. Er will etwas Besonderes, etwas Wunderbares, Zauberhaftes, Einmaliges. Er denkt lange nach, während er seinen Freunden zuschaut, wie sie ihre Kunststückchen vorführen.
Plötzlich steht er auf, eilt in seine Höhle und kommt mit einem kleinen, leuchtenden Zauberstab wieder zurück. Überrascht schauen die andern auf und

schwimmen neugierig um den kleinen Wassermann herum. Dieser schreitet mit wichtiger Miene drei Schritte vorwärts, bleibt dann stehen und malt mit seinem leuchtenden Zauberstab geheimnisvolle Zeichen in die Wellen. Dann berührt er den Kieselstein, der vor ihm liegt. Da leuchtet es auf dem Meeresboden, der Kieselstein flimmert und glimmert, verschwindet plötzlich und – an der selben Stelle springt ein smaragdgrüner Fisch mit blauen Leuchtpunkten hoch. Die Fische sind begeistert, klatschen mit ihren Flossen und heißen den neuen Fisch willkommen!
Auch der kleine Wassermann ist begeistert und macht einen hohen Wellensprung. Aufgeregt hüpft er weiter und sucht auf dem Meeresboden nach einem neuen Kieselstein. Er will noch mehr Wunderfische zaubern, bunt und schön sollen sie aussehen und keiner dem andern gleichen! . . .

Und nun können die Kinder die Geschichte weitererzählen. Welche Fische wird der kleine Wassermann noch herbeizaubern? Vielleicht einen Mondfisch, einen Rabenfisch oder einen Lachfisch?

Am Schluß der Geschichte feiern alle Fische mit dem kleinen Wassermann ein großes Tanzfest!

Und wenn die Kinder ihre Phantasiefische auf Papier gemalt und ausgeschnitten haben, dann können ihre Fische noch tagelang im Waschraum des Kindergartens weitertanzen.
Die Fische werden mit Nylonfäden an der Decke befestigt und bewegen, schaukeln und drehen sich bei jedem Luftzug.

Blumentiere auf dem Meeresboden

Diese Lebewesen sitzen fest auf dem Meeresgrund, leuchten in den schönsten Farben und sehen wie Blumen aus dem Märchenland aus. Doch es sind Tiere. Sie fressen Fische und Plankton, das sind winzigkleine Lebewesen und Pflanzenteile.
Das, was bei den Blumentieren wie Blütenblätter aussieht, sind Tentakel. Es sind ihre Fangarme, mit denen sie Nahrung einfangen.
Tagsüber ziehen die Blumentiere ihre Tentakel ein. Ganz unscheinbar sehen sie dann aus. Doch nachts strecken sie ihre Tentakel weit aus und entfalten sie wie Blütenblätter einer Wunderblume.
Wenn es die Kinder interessiert, dann können Sie noch weitere Einzelheiten über diese Blumentiere erzählen.

Die Korallen

Die Korallen leuchten in den herrlichsten Farben von rot, orange, weiß, violett bis blau. Wie eine Zauberlandschaft sieht es aus, wenn viele Korallen zusammenstehen. Sie heißen Korallenbänke.

Die Lederkorallen
Die Lederkorallen kann man mit Wunderblumen vergleichen. Tags sehen sie unscheinbar klein und runzelig aus. Doch nachts pumpen sie sich mit Wasser auf und verwandeln sich in prächtig schimmernde Blumen in den Farben purpur, gelborange und lila.

Die Haarsterne
Haarsterne sind auch Korallen. Sie sehen wie Bäume mit vielen, verzweigten Ästen aus. Wenn sich diese Blumentiere entfalten, scheint das ganze Riff in schönster Blütenpracht zu blühen.

Die Seelilien
Die Seelilien sind auch Haarsterne. Sie entfalten sich in der Dunkelheit zu Blumen mit leuchtend bunten Federn, und warten so auf ihre Nahrung. Die „Blütenblätter“, also die Tentakel, sehen wie Schleier aus, die sich sanft in der Strömung des Meerwassers wiegen.

Die Unterwasserwelt im Guckkasten-Theater

Dieses geheimnisvolle Leben, das sich in der Meerestiefe abspielt, können die Kinder in einem ebenso geheimnisvollen Guckkasten-Theater nachspielen.

Theaterbühne
Man braucht dazu eine etwas größere Schachtel. Sie wird innen angemalt oder mit Kreppapier oder Transparentpapier beklebt. Auch Glitzerfolien, besonders schöne Bonbonpapiere, Glimmer und Pailletten können an den Innenseiten angeklebt werden.
Zum Reinschauen schneidet man auf einer Seite ein oder zwei Gucklöcher aus. Besonders zauberhaft wirkt die Theaterbühne, wenn man auf der gegenüberliegenden Seite des Gucklochs einen Spiegel anbringt.
Auf den Boden der Schachtel kommen Sand, Kieselsteinchen, Muscheln und Schneckenhäuser. Der Schachteldeckel wird beim Spielen abgenommen.

Spielfiguren
Es sind bunte Fische in allen Größen, Formen und Farben. Die Fische werden auf Kartonpapier gemalt und ausgeschnitten. Wer will, kann auch Schuppen aufkleben. Wichtig ist, daß die Fische recht farbenprächtig aussehen, vielleicht sogar ein bißchen glitzern.
Auch Seesterne, Seeigel oder Tintenfische gehören in dieses Theater. Jede Spielfigur wird mit einem dünnen Faden an einem Stab befestigt. Die Kinder halten und führen ihre Figuren wie Fadenmarionetten.

Kulissen
Das sind Blumentiere. Sie werden aus Blumendraht gebogen, mit Kreppapierbändern umwickelt, mit Papierblüten oder bunten Glasperlen beklebt. Damit sie im Theaterboden gut stehen, kann man sie mit Blumendraht an größeren Steinen befestigen.

Spielszenen
Jetzt können mehrere Kinder am Theaterspiel mitmachen. Sie lassen ihre Figuren zu einer Musik tanzen, oder sie denken sich kleine Szenen aus, zum Beispiel die Geschichte vom kleinen Wassermann und den Wunderfischen (siehe Seite 118).

Zuschauer
Während ein Stück gespielt wird, wechseln sich die Zuschauer immer wieder ab, denn es können nur ein oder zwei Kinder auf die Bühne schauen.

Die Riesen im Meer

Die größten Tiere der Welt leben im Meer bzw. im Ozean. Dieser unendlich große, blaue Lebensraum ist ihre Welt. Viele dieser „Riesen" sind völlig harmlos und fressen nur Plankton, also Wasserpflanzen und kleine Tierchen. Wenn die Kinder auf diese Riesen des Meeres neugierig sind, gibt es von Walen, Haien und Robben Interessantes zu erzählen:

Die Wale

Der Blauwal ist das größte Säugetier der Welt und kann bis zu 30 m lang werden. Diese Länge verstehen die Kinder, wenn sie mit einem Maßband auf einem Weg 30 m abmessen. Das ist beeindruckend.
Beinahe unvorstellbar ist für die Kinder das Gewicht des Blauwals. Lassen Sie raten:
So viel wie drei Elefanten? – Nein!
So viel wie zehn Elefanten? – Nein!
Er wiegt soviel wie 30 Elefanten!
Trotz dieser Größe und dieses Gewichts ist der Blauwal ein sehr friedliches Tier. Er lebt in großen Blauwal-Familien und hat sogar eine Sprache. Singend und pfeifend kann er sich unter Wasser mit den andern Blauwalen unterhalten.
Ist ein Blauwal in Not, dann ruft er mit schrillen Tönen um Hilfe, und die andern kommen schnell herbeigeschwommen, ihm zu helfen.
Als Schutz gegen die Kälte im Wasser hat der Blauwal eine dicke Fettschicht unter der Haut. Deshalb wird der Blauwal von den Menschen gejagt. Sie machen aus seinem Fett Öl für Lampen oder Seifen und Salben. Walfleisch kann man auch essen. Ein Fischer bekommt für einen gefangenen Wal sehr viel Geld. Deshalb wurden und werden die Blauwale erbarmungslos verfolgt, gefangen und getötet. Heute sind diese Meeresriesen fast ausgerottet. Zum Glück kommen den Blauwalen die Naturschützer zu Hilfe und setzen sich für das Überleben dieser Tiere ein, so zum Beispiel die „Umweltstiftung WWF".

Die Haie

Die Haie werden „König der Meere" genannt. Es sind die größten Fische der Welt, die sehr schnell schwimmen, hervorragend hören und riechen können.
Die Haie sind nicht so grausam, wie man sie in Filmen darstellt. Dennoch ist mit ihnen nicht zu spaßen, und sie werden sehr gefährlich, wenn man sie reizt oder mit Futter ihre Freßgier auslöst. Dann greifen sie hemmungslos an und schnappen nach allem, auch Plastikeimer oder Blechdosen.
Eine Besonderheit sind die Zähne der Haie. Sie haben bis zu 15 Zahnreihen, die hintereinander stehen. Doch sind nur die beiden ersten Zahnreihen ausgebildet. Die anderen Zähne liegen zurückgeklappt im Maul. Ein Zahn wächst erst nach, wenn der vordere fehlt.

Die Robben

Die Robben sind lustige, verspielte Tiere und deshalb bei Kindern sehr beliebt. Am bekanntesten sind die Seelöwen.
Robben haben ein dichtes Fell, darunter eine dicke Speckschicht gegen die Kälte. Sie sind hervorragende Schwimmer und können bis zu 15 Minuten unter Wasser tauchen, obwohl sie wie wir Menschen durch die Nase atmen. Zum Schlafen und Ausruhen legen sich die Robben auf eine Sandbank. Dort bringen sie auch ihre Jungen zur Welt.
Das Fell der jungen Robben ist ganz weich und weiß. Vor einigen Jahren war es große Mode, einen Pelzmantel aus diesem weißen Robbenfell zu tragen. Viele Robbenjäger zogen damals los, um die Kleinen zu fangen und zu töten. Doch dann kamen die Naturschützer und versuchten, die Robbenfänger an ihrer Arbeit zu hindern. Gleichzeitig forderten sie dazu auf, keine Robbenfell-Mäntel mehr zu kaufen.

Tiere werden ausgerottet

Soll man den Kindern im Kindergarten davon erzählen? Können die Kinder diese Probleme verstehen und verarbeiten? Die Antwort darauf müssen Sie selbst finden. Es kommt auf die Kinder an, was sie bereits wissen und was sie wissen wollen. Es darf nicht das Ziel sein, den Kindern Angst und Schrecken einzujagen. Sondern es geht darum, ihnen von der Natur zu erzählen und ihnen Dinge zu zeigen, die sie verstehen und lieben lernen. So kann sich bei den Kindern ein Gefühl gegenüber der Natur entwickeln, verbunden mit einer Verantwortung für diese Natur und alle ihren Lebewesen.

Eismeere

Am Nord- und am Südpol unserer Erde sind die Zonen des ewigen Eises. Dort ist es so kalt, daß das Eis das ganze Jahre über, also auch im Sommer, nicht tauen kann. Menschen können dort nicht mehr leben – aber Tiere.
Dort leben zum Beispiel Eisbären, Polarfüchs, Wölfe, Wale, Walrosse, Robben und Pinguine.
Das Leben dieser Tiere ist gefährdet, denn die Menschen vermuten unter dem ewigen Eis reiche Bodenschätze. Die Länder streiten sich bereits darum, wem welcher Anteil gehören wird.
Forschungsgruppen bauen ihre Stationen auf, sprengen Eisberge, um Flugplätze anzulegen, die Müllberge auf dem Eis wachsen immer höher und der Wind verteilt den Abfall auf dem weißen Eis. Es gab bereits erste Unfälle mit Öl, das aus Schiffen auslief.
Deshalb bemüht sich die Umweltschutzorganisation „Greenpeace“ darum, daß die Antarktis als der Welt größtes Naturschutzgebiet unberührt bleibt.

Das Leben der Tiere der Arktis und der Antarktis ist ungewöhnlich und aufregend. Von diesen Tieren ist der Eisbär bei den Kindern am bekanntesten und beliebtesten. Es gibt kaum ein Kinderzimmer, in dem nicht ein Plüsch-Eisbär-Kuscheltier sitzt. So wollen die Kinder sicher wissen, wie ein Eisbär draußen in der Natur wirklich lebt. Darüber gibt es Interessantes zu erzählen.

Wie lebt der Eisbär?

Ein Eisbär ist mit dem dicken Fell, einer besonderen Unterwolle und einer dicken Fettschicht bestens gegen Kälte geschützt. Auch unter seinen Tatzen hat er ein Fell, damit er auf dem rutschigen Eis besser laufen kann.
Das Fell des Eisbären ist weiß wie der Schnee. Der Eisbär kann gut schwimmen, mit Geschick Fische fangen und sich im Eiswasser stundenlang aufhalten, weil sich sein Fell nicht mit Wasser vollsaugt. Manchmal greift er auch Robben an. Der Eisbär gehört zu den größten Tieren der Erde und ist so schwer wie 8 Männer.

Zur Winterzeit, etwa im November, gräbt die Eisbärenmutter eine große Bärenhöhle in den Schnee. Dort bringt sie ihre Jungen zur Welt. Die Eisbären-Babys sind bei ihrer Geburt sehr klein. Deshalb hält die Bärenmutter ihre Jungen in den ersten Tagen in ihren großen Bärentatzen. So kann sie die Kleinen wärmen, dort sind sie geschützt.
Erst im nächsten Frühjahr verläßt die Bärin wieder die Höhle, um nach Nahrung zu suchen. Die kleinen Bären werden fast zwei Jahre von der Mutter gesäugt.
Die ausgewachsenen Eisbären leben allein, sie wandern über Eisfelder, springen auf Treibeis und sind ständig auf Futtersuche.

Was macht der Pinguin?

Auch Pinguine leben auf dem Eis. Was sie dort machen, erzählt dieses Lied.

Text und Melodie von Marieluise Ritter

Pinguine, schwarz und weiß,
gehen täglich fischen,
schwimmen äußerst schnell und leis,
lassen nichts entwischen.
Drum braucht kein Pinguin
je zum Sausen ein Benzin. Refrain

Pinguin in Afrika,
würde ziemlich schwitzen,
darum bleibt er lieber hier
auf dem Südpol sitzen,
denn schön kühl, nicht so schwül
ist es hier für sein Gefühl. Refrain

Pinguine, groß und klein,
singen gern mit'nander,
krächzen, quietschen, piepsen, schrein,
alle durcheinander.
Dies Getön und Gestöhn
finden sie nur selber schön. Refrain

Higgelty, Piggelty, Pop und Pu

Nun wissen die Kinder viel über das Meer und über die Tiere, die im Meer leben. Doch wie steht es mit den Märchen- und Phantasiegestalten des Meeres? Was ist mit den kleinen, frechen Kobolden, der hübschen Seejungfrau, dem mächtigen Wassermann und all den andern Figuren, von denen die Fischer und Seeleute erzählen? Gibt es sie wirklich? Nun – in unserer Phantasie gibt es sie allemal. Mit diesem Lied geben wir den Kindern eine Geschichte für ihre eigenen Phantasie-Gestalten des Meeres.

Text und Melodie von Fredrik Vahle

Rechte bei AKTIVE MUSIK Verlagsges., Dortmund

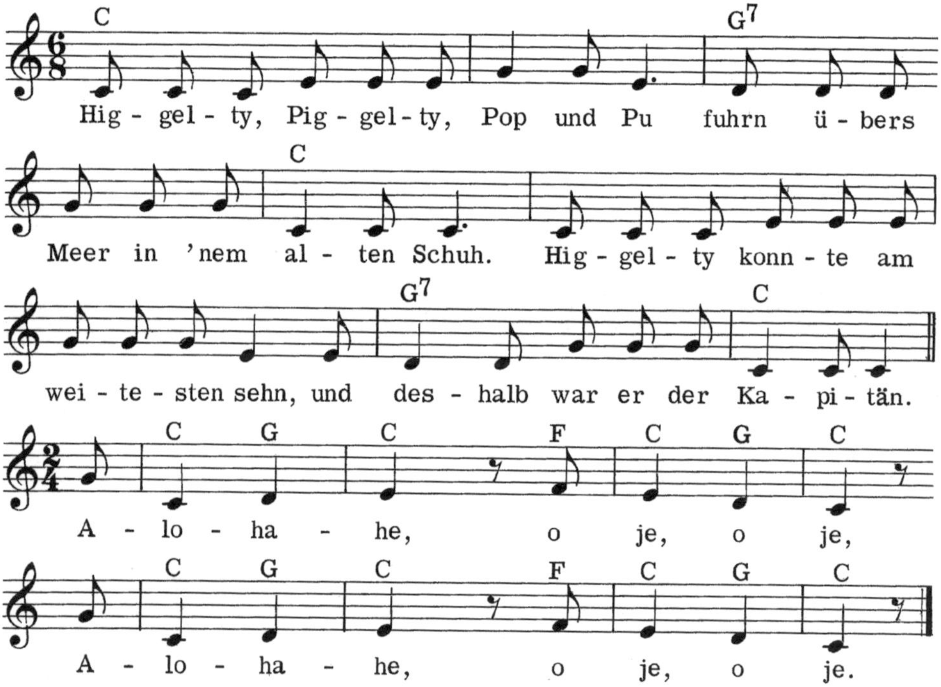

Higgelty, Piggelty, Pop und Pu
fuhr'n übers Meer in 'nem alten Schuh.
Higgelty konnte am weitesten sehn
und deshalb war er der Kapitän.

Refrain:
Alohahe, o je, o je.
alohahe, o je, o je.

Piggelty gab die Richtung an,
und deshalb war er der Steuermann.
Pop und Pu, die kochten Tee,
so fuhren die Viere über den See.

Refrain: Alohahe . . .

Und eines Abends gleich hinter Alaska
fragt Higgelty Piggelty: Was is'n das da?
Piggelty rief: Ein Pottwal ist das!
Und der Pottwal spritzte sie alle naß.

Refrain: Alohahe . . .

Ein Schiff mit Piraten fuhr heran
und Piggelty rief: Wir rammen den Kahn!
Die Piraten kriegten ein' Riesenschreck
und flohen und flohen und dann warn se weg.

Refrain: Alohahe . . .

Und einmal, da führte Pop das Steuer,
da kam ein furchtbares Seeungeheuer.
Und Pop rief: Komm, ich küsse dich!
Da tauchte es weg, denn das mochte es nicht.

Refrain: Alohahe . . .

So fuhren sie wohl sieben Jahr'
von Honolulu nach Sansibar,
durch Wind und Wellen und immerzu
fuhren Higgelty, Piggelty, Pop und Pu.

Refrain: Alohahe . . .

Doch seht ihr mal einen Schuh am Meer
und es ist, als ob da was drinnen wär',
und kichert und quaddelt und quakt immerzu
sind das Higgelty, Piggelty, Pop und Pu.

Refrain: Alohahe . . .